KUAXINGZHENGQU LIUYU SHUIWURAN FANGZHI
HEZUO JIZHI YANJIU

# 跨行政区流域水污染防治
# 合作机制研究

赖苹 著

重庆大学出版社

**图书在版编目（CIP）数据**

跨行政区流域水污染防治合作机制研究／赖苹著
. -- 重庆：重庆大学出版社，2019.6
　ISBN 978-7-5689-1555-7

　Ⅰ.①跨…　Ⅱ.①赖…　Ⅲ.①流域污染—水污染防治
—研究—中国　Ⅳ.①X52

　中国版本图书馆 CIP 数据核字(2019) 第 093102 号

**跨行政区流域水污染防治合作机制研究**
赖　苹　著
策划编辑:鲁　黎

责任编辑:张红梅　　版式设计:鲁　黎
责任校对:谢　芳　　责任印制:张　策

\*

重庆大学出版社出版发行
出版人:饶帮华
社址:重庆市沙坪坝区大学城西路 21 号
邮编:401331
电话:(023) 88617190　88617185(中小学)
传真:(023) 88617186　88617166
网址:http://www.cqup.com.cn
邮箱:fxk@ cqup. com. cn (营销中心)
全国新华书店经销
重庆共创印务有限公司印刷

\*

开本:787mm×1092mm　1/16　印张:10.5　字数:167 千
2019 年 6 月第 1 版　　2019 年 6 月第 1 次印刷
ISBN 978-7-5689-1555-7　　定价:48.00 元

# 前　言

　　建设生态文明,关系人民福祉,关乎民族未来,功在当代,利在千秋。党的十八大报告提出,"要把生态文明建设放在突出地位,融入经济建设、政治建设、文化建设、社会建设的各方面和全过程,努力建设美丽中国,实现中华民族永续发展",从而明确了中国特色社会主义事业的"五位一体"总体布局。党的十九大报告指出,"建设生态文明是中华民族永续发展的千年大计"。生态文明建设被提升到新高度,有了清晰的时间表和明确的路线图。生态文明建设是一项复杂庞大的系统工程,面对新形势新任务,需要站在推进国家生态环境治理体系和治理能力现代化的高度,着力推进生态文明建设和环境保护。流域水污染防治作为生态文明建设的重要内容,必须构建系统完备、规范科学、运行高效的制度体系,用制度推进建设、规范行为、落实目标、惩罚问责,使制度成为保障流域持续健康发展的重要条件。

　　本书以合作博弈为研究的理论基础,通过对合作博弈理论的系统梳理和深入剖析,重点研究合作博弈在解决跨行政区流域水污染防治中的运用,寻求解决跨行政区流域水污染治理的理论依据,然后通过实证分析验证理论方法的科学性和有效性,并以此为基础,探索出一套行之有效的处理跨行政区流域水污染问题的合作治理机制。具体而言,研究内容主要包括以下 6 个方面:

　　①运用合作博弈理论,构造成本分摊博弈。一是在传统的夏普利值求解的基础上,提出运用二项式半值解法,在考虑联盟结构的情况下,通过多重线性扩展法进行求解。二是考虑不确定风险因素的存在会影响局中人的参与程度,提出基于内部风险的模糊夏普利值,并以相邻两地区两用水部门为对象,研究如何计算分摊合作成本。

②针对流域水污染治理合作中的期望利润分配问题,先后提出具有模糊参与度的模糊动态夏普利值和具有内部风险的模糊动态夏普利值解的概念,以流域三地区为研究对象,考虑在连续时间里构建水污染治理模型,并进行计算求解。

③从环境项目投资角度切入,以流域内相邻两地区为研究对象,运用随机微分博弈方法,考虑在连续时间里,存在不确定因素条件下,建立自给自足型、异地单独投资型、合作投资型3种决策模型,并采用贝尔曼动态规划方法进行求解,再将各模型在各时间点的瞬时利润和终点利润进行比较分析论证。

④以流域三地区为研究对象,运用微分博弈方法,考虑在连续时间里,分别构建自给自足型、两两联盟型、大联盟型3种区域联盟模型,并采用贝尔曼动态规划方法进行求解,再将各模型在各时间点的瞬时利润进行比较分析得出结论。

⑤在外生的排放税的条件下,将补贴和合作两种技术激励政策应用在节能减排技术研发上。通过建立政府和企业之间的互动博弈模型,分析比较两种政策下的研发水平、利润和社会福利。研究结果为政府选择正确的技术激励政策、企业选择正确的研发行为提供有力的理论支撑。

⑥在外生的排放税的条件下,利用两阶段动态博弈方法来探讨开展节能减排技术研发的企业面对不同的联盟合作模式的选择问题。通过全面比较不联盟、半联盟和全联盟合作模式下的均衡产量、生产工艺研发水平、污染减排研发水平、利润和产生的社会福利,比较得出企业应选择的联盟合作模式。

著　者

2019 年 1 月

# 目　录

# 1  绪  论

## 1.1  研究背景与研究意义

### 1.1.1  研究背景

生态文明是人类文明发展的一个新的阶段,是人类遵循人、自然、社会和谐发展这一客观规律而取得的物质与精神成果的总和,是以人与自然、人与人、人与社会和谐共生、良性循环、全面发展、持续繁荣为基本宗旨的社会形态。2003年6月,中央在加快林业发展的决定中提出"建设山川秀美的生态文明社会",这是国家首次将生态文明概念写入国家正式文件。2007年,党的十七大报告进一步明确提出了建设生态文明的新要求,并将到2020年成为生态环境良好的国家作为全面建设小康社会的重要要求之一。2012年,党的十八大报告将生态文明建设提到前所未有的战略高度,不仅在全面建成小康社会的目标中对生态文明建设提出明确要求,而且将其与经济建设、政治建设、文化建设、社会建设一道,纳入中国特色社会主义事业"五位一体"的总体布局。2013年,党的十八届三中全会通过《中共中央关于全面深化改革若干重大问题的决定》(以下简称《决定》),《决定》要求紧紧围绕建设美丽中国深化生态文明体制改革,加快建立生态文明制度,健全国土空间开发、资源节约利用、生态环境保护的体制机制,推动形成人与自然和谐发展现代化建设新格局。而如何建设生态文明,在《决定》中已明确提出必须建立系统完整的生态文明制度体系,实行最严格的源头保护制度、损害赔偿制度、责任追究制度,完善环境治理和生态修复制度,用制度保护生态环境。2015 年,党的十八届五中全会通过的《中共中央关于制定国民经济和社会发展第十三个五年规划的建议》中,首次提出"创新、协调、绿色、开放、共享"五大发展理念。在"五位一体"的总体布局下,生态文明建设将是我国推进人与自然和谐发展,践行绿色发展理念的有力抓手。2017 年,党的十九大报告以"加快生态文明体制改革,建设美丽中国"为题,详细阐述了我国生态文明的理念、举措和要求,指明了我国未来生态文明发展的道路、方向和目标;同时报告还把污染防治与防范化解重大风险、精准脱贫一起列为全面建成小康社会的三大攻坚战。2018 年 6 月 24 日,《中共中央 国务院关于全面加强生态环境保护坚决打好污染防治攻坚战的意见》(以下简称《意见》)正式发布,《意见》提出,到2020 年,生态环境质量总体改善,主要污染物排放总量大幅减少,环境风险得到有效管控,生态环境保护水平同全面建成小康社会目标相适应。

流域是一个整体性较强、关联度很高的完整的生态系统,是生态文明建设的重要组成部分。一个流域不仅是一个大的生态空间,也是一个社会经济活动场所。人类的社会经济活动必须严格控制在流域资源与环境的承载能力范围内,否则就会出现资源枯竭、环境污染、生态恶化等问题。我国作为世界上流域资源较为丰富的国家之一,拥有长江、黄河、珠江、松花江、淮河、海河、辽河等七大水系,基本上贯穿了东、中、西部地区。但由于人口基数大,我国人均流域水资源占有量仅有 2 200 立方米,只及世界平均水平的 1/4,名列世界第 110 位,是全球人均水资源最贫乏的国家之一[1]。根据环境保护部(现生态环境部)发布的《2015中国环境状况公报》和《2015 年环境统计年报》可知:国家水系监测的 972 个国控断面中Ⅰ~Ⅲ类、Ⅳ~Ⅴ类和劣Ⅴ类水质断面比例分别为 64.5%、26.7% 和8.8%;废水排放总量从 2001 年的 433 亿吨增加到 2015 年的 735.3 亿吨,废水中化学需氧量排放总量从 2011 年的 1 404.8 万吨增加到 2015 年的 2 223.5 万吨,氨氮排放总量从 2011 年的 125 万吨增加到 2015 年的 229.9 万吨[2-4]。造成流域水污染问题凸显、流域水环境治理低效的一个重要原因是流域的跨行政区域属性。流域的空间整体性很强、各地区具有很高的关联度,不仅各自然要素关联密切,而且上下游之间是有机联系、不可分割的整体。我国流域面积广阔,大部分河流会穿越两个或两个以上的行政辖区。同一流域内不同的行政区域往往有着不同的利益需求。流域的上游地区往往是经济相对贫困、生态相对脆弱的区域,面临着加快发展和加强环境保护的双重压力。这些地区很有可能会为了经济利益利用在地理上的先天优势充分使用水资源,不断向所辖河段内排放污染物。下游地区经济相对发达,需要有足够的洁净水资源支持区域发展。随着工业化、城镇化和现代化进程的加快,上下游地区间的发展差距逐渐加大。区域间无序竞争的后果导致流域水资源需求不断加大,水循环和再生能力遭到不同程度的损害,流域生态环境的进一步恶化,带来了江河径流量锐减、水土流失严重、水体污染加剧、旱涝灾害频发等诸多流域生态问题,引得上下游间水事纠纷逐渐增多,严重危害群众健康、社会和谐和公共安全[5]。由于流域水污染防治涉及流域沿线各级地方政府和各利益相关者的切身利益,所以流域水资源及其生态环境问题由天然流域的自然属性和行政辖区的社会属性之间存在的矛盾,演变为自然资源与生态环境公共管理领域的跨行政区域生态环境之间的问题[1]。目前,我国跨行政区流域水环境管理的相关制度改革相对滞后,主要表现在现行环境行政管理体制要求本地政府对本地环境负责,但又缺乏有效激励以对跨界污染进行有效控制,使得由跨行政区水污染引发的环境问题得不到有效解决,产生的水污染纠纷层出不穷。建立跨行政区流域水污染防治合作机制,将使各地区从独善其身的环保思想转变成互利互信合作共赢的环保思想,消除因为行政分割造成的制度性障碍,在实现流域上下游生态建设和环境保护成本共同承担的同时,通过全面加强流域合作与交流,实现生态共建、环境共保、资源共享、经济共赢的更高目标。

## 1.1.2 研究意义

生态文明是人类社会跨入一个新时代的标志,其制度体系代表着人类社会在长期与大自然相处过程中形成的理念、政策、做法,关系到全人类、全社会、各民族和各国家整体利益的实现和政权运作的科学和稳定。党的十八大报告指出,建设生态文明,是关系人民福祉、关乎民族未来的长远大计,并要求面对资源约束趋紧、环境污染严重、生态系统退化的严峻形势时,必须树立尊重自然、顺应自然、保护自然的生态文明理念。党的十九大报告指出,人与自然是生命共同体,人类必须尊重自然、顺应自然、保护自然。我们要建设的现代化是人与自然和谐共生的现代化,既要创造更多物质财富和精神财富以满足人民日益增长的美好生活需要,也要提供更多优质生态产品以满足人民日益增长的优美生态环境需要。建设生态文明,必须坚持节约优先、保护优先、自然恢复为主的方针,形成节约资源和保护环境的空间格局、产业结构、生产方式、生活方式,还自然以宁静、和谐、美丽;报告还提出了我国新时代"推进绿色发展、着力解决突出环境问题、加大生态系统保护力度、改革生态环境监管体制"四大战略任务。流域作为生态文明建设的基本单元,是生态文明建设的摇篮和"孵化器"。未来十年仍将是我国工业化和城镇化的快速发展时期,在经济社会发展的同时,维护健康的流域是生态文明建设的重要路径和基石,是实现中华民族伟大复兴的必然选择。在此新形势下必须以新修订的《中华人民共和国环境保护法》为行为准则,集政府、企业和公众三方之力,加大水污染防治力度,通过建立一套行之有效的水污染防治合作机制,确保源头严防、过程严管、后果严惩,有效应对经济和社会发展带来的环境挑战,全面解决污染难题,赢回碧水蓝天。

研究的理论意义在于:流域水污染治理是环境经济学的重要研究内容之一,随着近年来水污染问题日益突出,越来越受到国内外学界的广泛关注[1]。目前,国内外学者对流域水污染治理的研究主要集中在行政辖区内中小流域上下游水资源涵养和水环境保护上,对跨行政区流域水污染治理与保护的研究非常有限。在我国经济呈区域化、市场化快速发展的同时,政治体制改革的相对滞后,致使跨区域管理体制机制尚未同步建立,跨越行政区划界限的区际矛盾与冲突出现不断升级的势头。为更好地促进流域水资源的公平共享和可持续利用,推动生态文明制度体系的完善,跨行政区流域水污染治理合作机制方面的研究亟须开展。

研究的实际意义在于:中国近三成的国土面积分布在大江大河流域,横贯不同的行政区域,流域承载着密集的城镇、工矿企业和众多的人口,是我国经济发展的核心地带,流域内的水资源、土地资源、生物资源、矿产资源等为国民经济的可持续发展提供了源源不断的资源支撑和驱动力[6]。但同时流域是一个整体性较强、关联度很高的完整的生态系统,往往被不同的行政区分割,作为经济利益相对比较独立的各区域地方政府,其经济活动主要以追求本地区内的经济利益最大化为目标。随着我国工业化和城镇化进程的加快,大量跨界河流因水资源短缺、水环境污染、水土流失等问题所引发的上下游间水事纠纷逐渐增多。加快建立流域跨行政区水污染防治合作机制,合理调节上下游各相关主体间生态利益与经济利益的关系,能够缓解水资源和水环境之间的矛盾,促进上下游区域经济社会协调可持续发展。

## 1.2 国内外研究文献综述

### 1.2.1 跨行政区流域水污染防治研究进展

国内外学者对跨行政区流域水污染问题的研究主要从管理制度、环境规制、污染损失、污染纠纷等 4 个方面展开[7]。

管理制度的改革主要包括 3 种改革方式:一是水权制度改革。Martin 等[8]研究了德国西北部河流上游地区使用空间决策支持系统来支持欧洲实施水框架指令。常云昆[9]针对黄河日益严重的断流问题,从产权制度改革入手,提出建立合理的水权分配原则和水权市场交易系统,确保流域水资源的合理分配和使用。刘文强等[10]通过对流域水资源分配中矛盾各方的行为分析,探索有效的水资源分配和水资源管理机制。二是市场化改革。胡鞍钢等[11]提出可以根据当前市场经济特点,采取部分市场化实现水资源的有效配置。三是管理机构改革。胡鞍钢等[11]建议设立专门的流域管理机构,通过法律约束,解决地方利益冲突。李曦等[12]建议将涉及流域整体利益的管理权统一由流域管理机构行使。施祖麟等[13]以江苏浙江两省边界水污染治理为例,建议保持以条块结合的政府层级结构为基础的管理体制。

在环境规制方面,主要通过法律措施、经济措施、行政措施、自愿协商等手段进行规制。第一是采取法律措施,通过法律禁止这种最强硬的政策手段,约束人类行为,解决社会问题。Dasgupta 等[14]和 Macleod[15]认为应该建立一套法律体系用于解决流域水资源的外部性问题。第二是采取经济措施,以产权改革为突破口建立合理的水权分配和市场交易体系。Coel 等[16]认为环境资源具有非排他性,产权不清是造成环境问题的根源。钱正英等[17]建议从防洪减灾、农业用水、城市和工业用水、防污减灾、生态环境建设、水资源的供需平衡、北方水资源问题以及西北地区水资源问题等方面作出战略性转变,加快推进水资源管理体制、水资源投资机制和水价政策 3 项改革。刘伟[18]通过建构多元机制共生水配置模型,形成多层次中国水制度分析框架,对中国水定价制度、水权市场交易制度和用水户组织制度 3 个支撑性制度进行深入研究分析。第三是采取行政措施,指示企业联合起来,促使外部性内部化。Sigman 等[19]和 Kathuria[20]认为运用行政手段如通过设立特许制度进行控制,以求达到环境标准。胡鞍钢等[21]认为跨行政区水资源分配是一种利益分配,需要满足技术与经济上的可行性,更需要满足政治上的可行性。武亚军等[22]分别从局部均衡、一般均衡和制度分析 3 种角度探讨了信息不完备情况下环境税收执行机制的难点,研究了环境税与整个税收体系最优结合的方式和税率水平,以及征收环境税对各个利益相关主体之间利益分配的影响。第四是采取自愿协商,形成具有水平型治理结构的自组织治理模式。孙泽生等[23]提出通过建立自主协商和横向要素转移等自组织模式,解决流域内各行政区之间存在的激励不相容问题。周海炜等[24]针对长江三角洲跨界水污染问题,建立多层次协商机制,分别从战略层面、管理层面和地方层面进行协商。

在污染损失方面,李锦秀等[25]针对跨行政区流域分析了水质与经济间的影响关系,构建了双曲函数型水污染经济损失计量模型,并以太湖流域为例进行了实证研究。曹利平等[26]从环境经济学的角度对比分析了国内外水环境管理在排污收费、排污权交易、产品收税、污染赔偿及罚款、对清洁生产者提供优惠等方面的政策差异及效果,指出了通过经济途径来控制水污染和改善水质的优点与不同。周宏伟等[27]以无锡城北地区为例,根据污水集中处理方案和计算出的区域水污染物的削减量,运用河网水质模型预测得到水污染物削减后河流水质改善状况,进而得到该区域的水环境纳污能力。李锦秀等[28]从我国水资源保护管理工作职能、水污染产生的根源进行分析,提出了实施水资源保护经济补偿对策。禹雪中等[29]针对地区间水污染纠纷频发现象,采用水环境数学模型把超量排放的环境影响与经济影响结合起来,以太湖流域的京杭运河为例,得到河流水污染损失补偿的数学模型。

在污染纠纷方面,以赵来军的研究最具代表性[30-34]:构建流域跨界水污染纠纷顺序对策模型,提出改进污染物削减指令配额管理体制,建立合作协调管理体制的对策;构建流域跨界水污染纠纷合作平调模型,以淮河流域为例分析影响合作平调管理体制的诸多因素;提出运用税收手段解决流域跨界水污染纠纷的思路,构建流域跨界水污染税收调控 Stackelberg 博弈模型,通过实证分析得出税收调控管理模型的明显优势;构建流域跨界水污染纠纷排污权交易宏观调控 Stackelberg 动态博弈模型,得出排污权交易宏观调控管理体制明显优于指令配额管理体制的结论;分别运用行政、税收、排污权交易等手段解决跨界水污染纠纷问题,建立合作平调模型、税收宏观调控模型和排污权交易宏观调控模型,通过对比分析指出选择的管理模型应与流域的实际情况相匹配。

从以上研究可以看出,跨行政区流域水污染治理问题的解决涉及流域内所有地区,必须充分考虑每个地区的利益关切,尊重地区各用水主体、排污主体和管理主体的利益诉求,让各地区在追求自身利益最大化的同时也促使全流域资源实现有效配置,提高整个流域的社会福利水平。用合作博弈来分析跨行政区流域水污染治理问题无疑是一种非常合理的研究方法,它充分考虑了作为局中人的各地区行为的相互作用和影响,在满足个体理性的同时实现集体理性。

## 1.2.2 合作博弈理论研究进展

1944 年,约翰·冯·诺依曼(John Von Neumann)与奥斯卡·摩根斯坦(Oskar Morgenstern)合著的《博弈论与经济行为》(*Theory of Games and Economic Behavior*)一书出版,他们在书中正式提出了合作博弈(Cooperative Game)的概念。由此开始,合作博弈理论得到了较快的发展,但主要研究的还是完全合作博弈理论。1960 年,托马斯·谢林(Thomas Crombie Schelling)撰写的《冲突的战略》(*The Strategy of Conflict*)一书出版,他开创了不完全合作博弈理论研究,合作博弈理论研究从此走向成熟[35]。

完全合作博弈理论是以局中人完全参与合作为研究对象,通过对其各类解的研究,解决每类具体问题下的合作联盟、收益(或成本)分配等问题。完全合作博弈的解主要可以划分为集值解和单点解两类。

集值解是指可能包含不止一个解,主要是从防止联盟异议的角度考虑局中人的得益分配,主要包括核心、稳定集、谈判集等。核心(Core)最早由 D. B. 吉利斯(D. B. Gillies)于 20 世纪 50 年代早期引进并被当作研究稳定集合的一个工具,罗伊德·夏普利(Lloyd Shapley)和马丁·舒彼克(Martin Shubik)将其发展为一个解的概念。在一个稳定的分配下,任何局中人组合都无意脱离总联盟,因为组成一个新联盟并不能使该局中人组合获取更大的得益,这些稳定的分配集合称为核心。核心不仅能满足个体理性和整体理性,而且能满足联盟理性,因此核心是一个凸闭集[36]。但核心的致命缺陷是解集经常是空的,即找不到一种能够被所有联盟都接受的得益分配方案。稳定集(Stable Set)是由约翰·冯·诺依曼和奥斯卡·摩根斯坦于 1944 年提出的。既是内部稳定又是外部稳定的分配集合称为稳定集。内部稳定性要求集内每一个分配都不会劣于集内的任何分配,外部稳定性要求集外的每一个分配都劣于集内的某些分配[36]。稳定集的存在性比核心要好些,但也并不总是存在,也可以是空的。谈判集(Bargaining Set)是由罗伯特·约翰·奥曼(Robert John Aumann)和迈克尔·马希勒(Michael Maschler)于 1964 年提出的。它是根据局中人之间可能出现的相互谈判而提出的解的概念,依赖于博弈的联盟结构,与核心和稳定集相比,其存在性可以得到保证,但计算过程复杂,可操作性不强[36]。

单点解是指只包含一个解,主要从边际贡献的角度考虑局中人的得益分配,主要包括夏普利值(Shapley Value)、班茨哈夫值(Banzhaf Value)、欧文值(Owen Value)等。对联盟的处理方式可以划分为两类:一是对所有联盟作对称处理,代表解是夏普利值、班茨哈夫值。夏普利值是由罗伊德·夏普利于 1953 年提出的,它从全部局中人是理性的假设出发,根据联盟中各局中人给联盟带来的边际贡献进行合理分配,使得集体理性与个体理性达到均衡[37]。夏普利值由于计算方法简单,存在唯一解,被广泛运用在经济社会发展的各个领域。Guillaume[38]提出了一种具有新的权重的夏普利值,并将权重解释为议价能力的措施。Tadeusz[39]讨论了加权夏普利值中局中人权重所起的作用,并赋予了一些新的特性。

班茨哈夫值是约翰·班茨哈夫(John Banzhaf)于 1965 年提出的,有时也称 Banzhaf 权力指标,是一种通过观察局中人左右摆动次数导致结果变化的数量来衡量局中人势力的指标。Gerard 等[40]将份额函数、联盟结构引入班茨哈夫值中,提出具有联盟结构的班茨哈夫份额函数,并对其性质作了研究。Dolors 等[41]提出班茨哈夫二项式半值并讨论了其具有的数学性质。班茨哈夫值主要被用于解决政治选举中权利的分配问题。Yakuba[42]针对政党选举问题分析评价了在限制联盟形成的情形下的班茨哈夫值。另一种对联盟的处理方式是考虑局中人优先联盟,代表解有欧文值。欧文值是由欧文(Owen)于 1977 年提出的。它对夏普利值进行的修改考虑了同盟系统,即由多个决定了事前合作结构的局中人集合分割存在时的变形,使其能够解释哪些联盟更能有效地参与谈判或协调[43]。Khmelnitskaya 和 Yanovskaya[44]利用边际贡献性代替可加性和零元性对欧文值进行刻画。Albizuri[45]在不考虑有效性的情况下利用可加性、哑元性、匿名性等给出刻画欧文值的 3 种方法。Vázquez-Brage 等[46]考虑当飞机是由不同的航空公司组织起来的博弈时,引入欧文值对西班牙 Labacolla 机场的跑道成本分摊问题进行研究,结果发现一个航空集团的几个公司合并起来之后会节约成本分摊的支出。

总的说来,与集值解相比,单点解从局中人的边际贡献角度考虑分配问题,更能体现公平原则;在解释分配的原因和考虑优先联盟问题时,单点解也具有更强的解释能力。但是由于完全合作博弈理论并不能解释局中人不能完全参与合作而是部分参与合作的情形,因此需要将合作博弈理论的研究范围扩展至不完全合作博弈。

不完全合作博弈理论是针对局中人不是完全参与合作,而是以某种程度参与合作为研究对象,解决在此状态下的合作联盟、收益(或成本)分配等问题。不完全合作博弈可以分为两类,一类是冲突管理策略,另一类是模糊合作博弈。冲突管理策略认为冲突双方除了利益冲突之外,往往还存在某种共同利益,寻求双赢结果正是共同利益所在。托马斯·谢林认为,大多数冲突都存在讨价还价的可能,因此冲突一方能否达到目的取决于另一方的选择或决策的最佳平衡点[35]。奥宾(Aubin)于 1974 年首次提出模糊合作博弈(Cooperative Fuzzy

Game)的概念。模糊合作博弈的解同样可以划分为集值解和单点解两类。集值解主要包括核心、稳定集等。单点解主要包括夏普利值、班茨哈夫值、欧文值等。单点解的研究重点主要集中在两方面:第一是仅参与度模糊的模糊合作博弈,也可称为具有模糊联盟的合作博弈,这类博弈中联盟是模糊集,收益是清晰的实数。Aubin[47-48]首先提出局中人可以以不同的参与率参加到多个联盟中,其参与率可以用一个介于[0,1]的模糊数来表示。Butnariu[49-53]定义了模糊夏普利值,并经研究发现模糊夏普利值与经典的夏普利值相比既不单调非减又不连续,并不能很好满足现实应用要求,之后他与Kroupa一起研究了模糊联盟合作中一类更一般化的解即夏普利值映射。Tsurumi等[54]构造了一个具有Choquet积分的模糊夏普利值,使其满足既单调非减又连续。第二是仅具有模糊支付的模糊合作博弈,也可称为具有模糊联盟值的合作博弈,这类博弈中联盟是清晰集,收益是模糊数。Mares[55-59]指出带有模糊支付的合作博弈是模糊合作博弈的一种形式,但由此定义的模糊夏普利值无法满足夏普利提出的3条公理,不能给出具体的联盟收益分配方案,仅可求得夏普利值的模糊隶属函数。Arts等[60]从集合论的角度研究了模糊集合的夏普利值。

上面关于合作博弈的论述主要是指静态合作博弈,而现实中的很多合作都是随着时间转变的决策互动。对于任何一个合作博弈,如果其中一位局中人在某时间点的行动依赖于在他之前的行动,那么该博弈便是动态合作博弈;反之则为静态合作博弈。如果有两个或两个以上的阶段,就是离散动态合作博弈;如果每个阶段的时间差收窄至最小极限,那么博弈便成为一个时间不间断的动态合作博弈,又称为微分合作博弈;如果在微分合作博弈中加入随机环境因素,则称为随机微分合作博弈[36]。Bilbao等[61]提出动态夏普利值的解的概念,该动态模型的建立基于静态模型的递推序列。Albrechta等[62]提出将夏普利值分解技术用于连续时间下的二氧化碳排放,它可以提供一个准确对称的分解且无残留。Bertinelli等[63]运用微分博弈分析了相邻两个国家面对跨界$CO_2$排放的战略行为。

国内有关完全合作博弈理论的研究仍然可以划分为集值解和单点解两类。李军等[64]运用合作博弈理论研究了易腐性产品运输设施选择的费用分配问题,证明了在易腐性产品线性价值损失的情况下,运输设施选择博弈的核心非空,且为子模博弈,并讨论核仁、夏普利值、$\tau$-值等解。李娟等[65]采用夏普利值分配供应链上的信息共享价值,制造商和零售商都有激励增加共享需求信息的零售商个数。张智勇等[66]建立了港口企业和其他物流服务提供商的合作博弈模型,讨论了用夏普利值法对港口物流服务供应链进行利益分配的不足,首次提出改进夏普利值即加权夏普利值在港口物流服务供应链利益分配中的应用。王艳等[67]把班茨哈夫值应用于效用可转移合作对策中的有限制对策,得到有限制对策的班茨哈夫值,同时给出公理化特征,并举例说明研究有限制对策的意义。梁晓等[68]研究了班茨哈夫权力指标的 4 条性质,即有效性、哑元性、等价性和边缘贡献性,并利用这些性质刻画了班茨哈夫权力指标的唯一性,同时还通过一个实例说明了班茨哈夫权力指标在政治选举中权力分配的应用。李生伟[69]提出基于欧文值的输电损耗分摊办法,并与其他几种常用的输电损耗分摊办法进行比较,有力地证明了采用欧文值的输电损耗分摊办法的合理性和有效性。董保民和郭桂霞[70]运用合作博弈论中两个成本分摊工具——夏普利值和欧文值,采用厦门高崎机场 2002—2005 年的全年起降数据计算了机场起降费标准。孙红霞等[71]在具有联盟结构的合作博弈中,通过引入一种格结构,研究了各优先联盟以优先约束形式进行合作时的收益分配模型,并称这种博弈为具有联盟结构的限制合作博弈,称其解为限制欧文值。

不完全合作博弈主要包括两大类研究,一类是冲突管理策略。刘智勇等[72]通过构建群决策过程中决策群体的合作博弈模型,分析了群决策过程中的合作机理,提出了群决策冲突处理机制。另一类是模糊合作博弈,包括参与度模糊和支付函数模糊。陈雯等[73]利用模糊数学理论构造了模糊夏普利值,并将其运用在动态联盟企业收益分配中。孙红霞等[74]将合作博弈中的势函数和一致性运用到具有模糊联盟的合作博弈中,对具有模糊联盟博弈的夏普利值进行了刻画。谭春桥[75]利用 Choquet 积分,研究了具有区间模糊联盟的合作对策,最后将其运用在供应链协作企业的收益分配实例中。李书金等[76]给出了模糊联盟的个体理性和集体理性定义,研究了模糊联盟的稳定性问题。彭智等[77]讨论了具有模糊支付的模糊合作对策中局中人间的相互影响问题。高璟等[78]针对现实中联盟组成的不确定性,提出了模糊联盟合作对策的一种新的收益分配方式,即平均分摊解。郭鹏等[79]在模糊博弈环境下,引入模糊变量的可信性测度,构建了模糊联盟收益分配的模糊期望值规划模型,并通过遗传算法求解。

国内关于动态合作博弈的研究相对较少,该研究主要包括动态合作博弈、微分合作博弈、随机微分合作博弈 3 类。动态合作博弈方面,郑士源等[80]利用动态合作博弈对航空企业的竞争和联盟展开研究,并根据联盟达成均衡的过程找出了最稳定的结果。乔晗等[81]运用合作博弈分析和解决在动态决策进程中出现的合作方式发生变化的问题,通过引入新的特征函数和最优准则,建立了动态最优解 PGN 向量,并给出了求最优路径和最优解的算法。王怡[82]通过对工业共生网络中的投机行为和风险进行分析,提出了工业共生网络战略联盟,构建了基于动态合作博弈的联盟收益分配模型,探讨了利润分配比例确定和不确定下联盟内企业的行为。微分博弈方面,马如飞等[83]构建了一个双寡头微分博弈模型,通过比较两家企业在研发竞争和研发合作下的企业瞬时收益,分析了技术溢出和技术更新是如何影响企业研发战略以及企业研发战略演化路径的。杨仕辉等[84]通过构建全球福利最大化下的两国微分博弈模型,深入分析了碳税、碳关税、碳减排合作 3 种气候政策对全球福利和全球碳排放产生的环境效应。随机微分博弈方面,罗琰等[85]以保险公司为研究对象,分析了基于随机微分博弈的最优投资及再保险问题。张春红[86]针对资产定价存在不确定事件,提出了更符合实际的用资产价格模型反映市场环境的随机变化以及最优策略选择问题。朱怀念[87]利用动态优化理论中的极大值原理、动态规划原理等方法,系统研究了线性 Markov 切换系统的非合作随机微分博弈理论,并给出了其在均值-方差型投资组合选择和保险公司投资-再保险中的应用分析。

### 1.2.3 合作博弈理论在跨行政区流域水污染防治中的运用研究进展

目前国内外学者主要运用了以下合作博弈方法来解决跨行政区流域水污染治理问题:一是完全合作博弈中的夏普利值。Debing Ni 和 Yuntong Wang[88]就河流污染中的成本分摊问题,在夏普利值解的基础上,根据国际争端中两大主要原则即绝对领土主权原则(ATS)和无限领土完整原则(UTI),分别提出了两种治污成本分摊方法:局部责任法(LRS)和上游平均分摊法(UES)。李维乾等[89]给出基于 DEA 合作博弈模型的流域生态补偿额分摊方案,利用梯形模糊数确定各地区权重的方法对夏普利值进行改进,并将此生态补偿额分摊方案应用于新安江流域。二是不完全合作博弈。Keighobad 等[90]提出了模糊变量的最小核心这一解的概念,并将其运用在解决不确定条件下的水资源分配问题中。Armaghan 等[91]通过建立具有模糊联盟的合作博弈模型和具有模糊联盟值的合作博弈模型来解决流域内和跨流域的水资源分配问题。魏守科等[92]运用非合作与合作博弈对南水北调中线工程水资源管理中的利益冲突问题进行模拟和分析。黄彬彬等[93]研究了基于随机过程的有限理性的流域上下游区域水资源利用冲突博弈决策机制,并将局中人的偏好引入进化博弈决策机制中,讨论了局中人对策略的偏好程度与进化均衡结果和局中人行为策略选择之间的关系。三是微分合作博弈。Petrosjan 和 Zaccour[94]运用夏普利值解决了连续时间下的流域水污染治理成本分摊问题。Jorgensen 和 Zaccour[95]利用微分博弈模型研究了相邻两个地区控制污染排放后福利的分摊问题,通过比较得出了合作治理要明显优于不合作治理的结论。Jorgensen[96]以流域相邻三地区为研究对象,在总的污染存量一定的条件下,从微分博弈的角度分析不合作和合作情形的污染排放,研究得出只有通过内部转移支付机制展开有效的合作才能根本解决问题。Yeung 和 Petrosyan[97]首次运用随机微分合作博弈来解决跨界工业污染问题,其中一个显著特征是通过建立收益分配机制使其满足子博弈一致性。Jafarzadegan 等[98]运用随机微分合作博弈提出了一种新且最佳的操作方法用于跨流域调水系统,将通过联合使用作为水资源捐赠方的地表水资源和作为被捐赠方的地下水资源实现。王艳[99]运用博弈论与最优控制原理,以双方排污量为控制变量,以下游污染存量为状态变量,建立了流域水环境管理的合作与非合作微分博弈模型。刘红刚等[100]针对感潮河网区水污染问题,在考虑税收收益、治理成本和环境损失等因素的背景下,分别建立了河网区环境非合作博弈模型和合作博弈模型,研究结果表明,合作局面更有利于降低污染排放,分配后的环境合作收益大于非合作收益。胡震云等[101]在考虑河流中累积污染量变化影响的条件下,构建了基于连续时间的银行与企业的微分博弈模型,并通过数值仿真分析了绿色信贷与水污染控制策略之间的关系。

通过以上分析可以看出,目前国内外运用合作博弈研究跨行政区流域水污染治理尚处于起步阶段,相关研究文献非常有限。已有的研究中并没有就地区合作的可能性与稳定性进行深入分析,没能给出一个持续合作的机制设计,没有将污染问题与生产过程结合起来,而使用到的合作博弈方法也可以作进一步的优化。这些都是本书运用合作博弈理论解决跨行政区流域水污染问题希望解决的重点和难点。

# 1.3 研究内容、技术路线与研究方法

## 1.3.1 研究内容

本书共分为 11 章,主要包括以下内容:

第 1 章,绪论。主要介绍研究背景与研究意义,国内外研究文献综述,研究内容、技术路线与研究方法等。

第 2 章,基本概念与理论基础。主要介绍跨行政区流域水污染的相关概念、理论基础以及主要分析工具。

第 3 章,二项式半值在流域水污染防治成本分摊中的应用。主要构造成本分摊博弈,在传统的夏普利值解的基础上,提出运用二项式半值解的概念求解。以流域相邻三地区作为研究对象,以化学需氧量作为水质指标,在考虑联盟结构的情况下,通过多重线性扩展方法进行求解验证。

第 4 章,模糊夏普利值在流域水污染防治成本分摊中的应用。主要以流域相邻两地区的生产用水部门和生活用水部门作为研究对象,分别考虑一地区两部门愿意合作并完全参与,另一地区两部门因为风险因素有选择地参与的情形,运用夏普利值进行求解,最后结合数值算例分析论证该方法的有效性。

第 5 章,基于模糊参与度的动态夏普利值在流域水污染防治期望利润分配中的应用。将模糊联盟与动态夏普利值结合,提出具有模糊参与度的动态夏普利值的解的概念。以流域相邻三地区为研究对象,考虑在连续时间里,构建水污染治理模型,并运用夏普利值进行求解,最后结合数值算例进行分析论证。

第6章,基于内部风险的动态夏普利值在流域水污染防治期望利润分配中的应用。由于不确定的风险因素的存在直接影响着局中人的参与度,因此提出基于内部风险因素的动态夏普利值的解的概念,并以流域相邻三地区为研究对象,构建水污染治理动态模型,运用模糊动态夏普利值进行求解,最后用数值算例验证该方法的有效性。

第7章,跨行政区流域水污染防治投资模式研究。从环境项目投资角度切入,以流域相邻两地区为研究对象,考虑在连续时间里,存在不确定因素的条件下,建立自给自足型、异地单独投资型、合作型3种投资决策模型,并采用动态规划方法对随机微分博弈进行求解,最后通过数值算例进行证明。

第8章,跨行政区流域水污染防治区域联盟研究。以流域三地区为研究对象,运用微分博弈法,考虑在连续时间里,分别构建自给自足型、两两联盟型、大联盟型3种区域联盟模型,并采用动态规划方法进行求解,最后通过数值算例进行证明。

第9章,跨行政区流域水污染防治激励政策研究。将补贴和合作两种技术激励政策分别应用在节能减排技术研发即生产工艺研发和污染减排研发上。通过建立政府和企业之间的互动博弈模型,分析比较两种政策下的研发水平、利润和社会福利。

第10章,跨行政区流域水污染防治联盟合作模式选择。利用两阶段动态博弈模型探讨了开展节能减排技术研发的企业对3种联盟合作模式的选择。通过全面比较不联盟合作模式、半联盟合作模式和全联盟合作模式下的均衡产量、生产工艺研发水平、污染减排研发水平、利润和社会福利,找到企业的最佳选择。

第11章,结论。全面梳理和归纳,分析研究结论,总结作出的主要贡献,分析研究存在的不足,并对后续研究进行展望。

## 1.3.2　技术路线

本书基于微观经济学的理论研究基础和合作博弈理论分析工具,以跨行政区域的流域为研究对象,以水污染治理为研究主线,以流域水污染防治合作机制为研究目标,从6个方面展开研究:一是查阅国内外已有的文献资料和研究成果,理清研究的思路和框架。二是阐述流域水污染防治的理论基础和理论分析工具,为后续研究作好理论支撑。三是运用夏普利值理论,研究流域水污染治理过程中的效用分配问题。四是运用微分博弈理论,研究流域水污染治理过程中的地区间投资模式和联盟模式选择问题。五是运用动态合作博弈理论,研究流域水污染治理过程中政府面临的激励政策选择和企业面临的联盟合作模式选择问题。六是归纳总结研究结论,并提出相应的政策建议和研究展望。本书研究的技术路线图如图1.1所示。

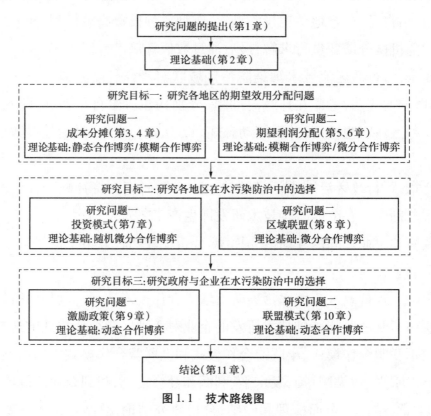

图1.1　技术路线图

### 1.3.3　研究方法

本书在微观经济学中的公共物品理论、外部性理论、生态资本理论、稀缺性理论的基础上,将实证分析与规范分析、系统分析与结构分析、定量分析与定性分析、静态分析与动态分析相结合,探究跨行政区流域水污染防治合作机制设计,并给出实施的政策建议。

（1）实证分析与规范分析相结合

实证分析研究问题时注重分析现象本身的内在客观规律，并根据这些规律分析和预测人们行为的结果；规范分析则是以一定的价值判断为基础，提出一些分析、评价现象的标准，并研究如何才能符合这些标准[102]。本书通过大量数据进行实证分析，有助于总结规律并判断现实与理想状态的偏离程度，从而有针对性地指导水污染治理；通过对治理机制的规范分析并提出政策建议，有助于形成标准化的理论体系。

（2）系统分析与结构分析相结合

系统分析是把要解决的问题作为一个系统，对系统要素进行综合分析，找出解决问题的可行方案的咨询方法。结构分析是对经济系统中各组成部分及其对比关系变动规律的分析。本书既从整体把握如何解决跨行政区流域水污染治理问题，又在整体思维的指导下侧重水污染治理过程中对相关特定要素全方位多层次地进行较为全面深入的研究。

（3）定量分析与定性分析相结合

定量分析是对社会现象的数量特征、数量关系及数量变化的分析，其功能在于揭示和描述社会现象的相互作用和发展趋势；定性分析是对研究对象进行"质"的分析，即运用归纳与演绎、分析与综合以及抽象与概括等方法，对获得的各种材料进行思维加工，从而去粗取精、去伪存真、由此及彼、由表及里，达到认识事物本质、揭示内在规律的目的。本书每章都提出了关于水污染治理的不同研究领域的理论模型，经过推演后，都进行了真实数据或数值算例测算，以求验证模型的合理性。

（4）静态分析与动态分析相结合

静态分析是分析经济现象的均衡状态以及有关的经济变量达到均衡状态所需要具备的条件，它完全抽掉了时间因素和具体变动的过程，是一种静止的孤立地考察某些经济现象的方法，这种分析只考察任一时刻的均衡状态；动态分析是对经济变动的实际过程进行分析，包括有关经济变量在一定时间过程中的变动、这些经济变量在变动过程中的相互影响和彼此制约关系，以及它们在每一时间点上变动的速率等，这种分析考察时间因素的影响，并把经济现象的变化当作一个连续的过程来对待[103]。本书先后采用静态合作博弈、动态合作博弈来研究水污染治理中存在的效用分配、投资模式、联盟模式、激励政策选择等问题。

# 2 基本概念与理论基础

## 2.1 跨行政区流域水污染的相关概念

我国行政区的概念可以从静态和动态两个层面进行理解。从静态层面理解,行政区即行政区域,是国家为实行分级管理而划分并设立相应国家机关的区域,包括省级、地级、县级、乡级4级行政区。从动态层面理解,行政区即行政区划,国家为了便于行政管理,根据政治、经济、民族、历史等各种因素的不同,把领土划分成大小不同、层次不等的区域,并在此基础上建立相应的政权机关进行社会管理的制度。综合而言,行政区是国家根据政权建设、经济建设和经济管理的需要,遵循行政区划法规等法律规定,充分考虑政治、经济、历史、地理、人口、民族、文化等客观因素,按照一定的原则,将全国领土划分成若干层次、大小不同的区域[104-105]。截至2017年12月31日,我国已有34个省级行政区(包括23个省、5个自治区、4个直辖市、2个特别行政区)、334个地级行政区、2 851个县级行政区、39 888个乡级行政区[106]。

流域又称为集水区,是指由地形确定的河流某一排泄断面以上的积水面积的总称,包括地面集水区域和地下集水区域两类。如果地面集水区和地下集水区重合,则称为闭合流域;如果不重合,则称为非闭合流域。平时所称的流域,一般是指地面集水区[5][107]。流域是国家自然基础中无所不在的基本单元,是地球系统的缩微。它是以水为核心,并由水、土地、资源、人、生物等各类自然要素与社会、经济等人文要素共同组成的环境经济复合系统[108]。流域面积可大可小，每条河流都有自己的流域，一个大流域可以根据水系等级分成若干个小流域，小流域又可以分成更小的流域。我国现有长江、黄河、珠江、松花江、淮河、海河、辽河等七大流域，总流域面积为430万平方公里，占我国领土总面积的45%。改革开放后的40余年，中国经济得到快速发展，但长期粗放型的用水格局，导致以水资源短缺、水环境恶化、水生态退化为特征的水危机逐渐凸显。如长江流域水质恶化加剧；黄河流域频繁出现断流；珠江流域屡屡发生咸潮上溯，影响三角洲地区的饮水安全；松花江流域因吉林石化公司双苯厂爆炸造成部分江段污染；海河流域长期处于"有河皆干，有水皆污"的状态等，严重制约了中国经济社会的发展进程[109]。

跨行政区流域水污染又称为跨界流域水污染，是指超越国家、省或其他行政辖区政治管理边界发生的流域水体因某种物质的介入而导致其化学、物理、生物或者放射性等方面特性的改变，从而影响水的有效利用，危害人体健康或者破坏生态环境，造成水质恶化的现象[110-111]。跨行政区流域水污染根据水污染范围可以分为全面跨行政区流域水污染和部分跨行政区流域水污染。全面跨行政区流域水污染是指某一行政区的水污染都排放到其他行政区域；部分跨行政区流域水污染是指水污染只是部分地排放到其他行政区域。根据水污染流向可以分为单向跨行政区流域水污染和双向跨行政区流域水污染。单向跨行政区流域水污染是指某一行政区域总是向另一行政区域排放水污染，但反之不成立，流域水污染主要属于此类型；双向跨行政区流域水污染是指两个行政区域之间相互排放水污染，可以通过外部性的相互制约进行处理，双向跨行政区水污染更多出现在湖泊[109]。

跨行政区流域水污染具有跨区域性、广泛性、复杂性以及矛盾的长期性、积累性等4个特点[111]。①跨区域性：由于流域面积广阔，往往被不同的行政区分割，大量跨行政区流域因水资源短缺、水环境污染、水土流失等问题所引发的上下游间水事纠纷逐渐增多。②广泛性：跨行政区流域水污染涉及对象众多，既包括流域上游众多的污染企业，也包括流域下游众多受污染困扰的用水单位、工厂和个人。污染者众多意味着确定污染行为责任方的难度大，受害者众多意味着污染危害范围广。③复杂性：跨行政区流域水污染涉及的利益主体范围广泛,包括上游省市政府、下游省市政府以及各级政府的环境保护部门、上游的污染企业和下游的受污染民众。各主体之间的策略互动关系复杂,流域上游地区所排放的污染随水流转移到下游地区,下游地区的污染难以逆流转移到上游地区,下游地区政府缺乏相应的管理权限,只能承担污染带给本地区环境和经济的损失。④矛盾的长期性、积累性:跨行政区流域水污染跨越了不同的行政区域,涉及多方面的利益,处理起来相对较为困难,容易导致纠纷久拖而得不到解决;同时常常存在旧的纠纷尚未得到彻底解决而新的矛盾又不断涌现的情况。

## 2.2 跨行政区流域水污染防治的理论基础

### 2.2.1 公共物品理论

按照微观经济学理论,社会物品分为私人物品和公共物品。私人物品主要是指那些在普通市场上常见的物品。私人物品具有竞争性和排他性两个本质特征。竞争性是指如果某人已经使用了某个物品,则其他人就不能再同时使用该物品。排他性是指只有对物品支付价格的人才能够使用该物品。公共物品是指这样的物品,即每个人消费这种物品不会导致别人对该物品的消费减少。公共物品具有非竞争性和非排他性两个本质特征。非竞争性是指一个人对公共物品的消费不会影响其他人从对该公共物品的消费中获得的效用,即增加额外一个人消费该公共物品不会引起产品成本的任何增加。非排他性是指在技术上不易排斥众多的受益者,或者排他不经济,即不可能阻止不付费者对公共物品的消费。这两种特性导致公共物品在使用过程中容易产生"搭便车"和"公地悲剧"问题。如果所有社会成员都意图"免费搭车",那么最终结果就是没人能够享受到公共物品,因为"搭便车"问题会导致公共物品的供给不足。如果一种资源无法有效地排他,那么就会导致这种资源的过度使用,最终会导致全体成员利益受损。水资源及其所提供的水生态服务属于公共物品,由于"搭便车"行为普遍存在,所以常常出现水资源过度使用的情况,最终导致水资源短缺、水生态环境受到破坏、全体用水户的利益受损的"公地悲剧"[112-113]。通过采取中游及下游受益区对流域上游地区支付补偿金的方式,理顺上下游间的生态和利益关系,有效保护上游的生态环境,从而避免生态环境利用中的"公地悲剧",减少"搭便车"现象。

## 2.2.2　外部性理论

外部性理论是环境经济学的基础理论之一,也是环境经济政策的重要理论依据,是指经济活动会导致一种超越这些活动主体或市场利益的直接影响,而这些影响又未计入市场交易的成本和价格[111]。根据自然资源在生产和消费中产生的影响可以将外部性分为正外部性(外部经济)和负外部性(外部不经济)。其中,正外部性是指生产消费活动产生的外部效益,负外部性是指破坏环境产生的外部成本。前者带来的环境效益被他人无偿分享,后者带来的环境污染和破坏并没有纳入生产成本中。外部性的存在,导致环境保护领域难以达到帕累托最优。水资源在生产和消费过程中产生的正外部性主要表现在自然保护区和流域上游的生态环境保护所产生的生态服务功能;负外部性主要表现在企业的环境污染和自然资源开发中造成的生态环境破坏[112]。外部性的内化问题,有两种不同的路径:"庇古税"路径和科斯的"产权"路径。古典经济学家庇古认为,当边际社会收益(成本)与边际私人收益(成本)相背离时,难以靠合约中规定的补偿办法解决,表现为市场失灵,必须依靠外部力量即政府干预加以解决。政府进行干预的原则是通过税收与补贴等经济手段使边际补贴(边际税率)等于边际外部收益(成本),即对边际私人成本小于边际社会成本的部门实行征税,对边际私人收益小于边际社会收益的部门实行补贴,从而把因社会收益(成本)与私人收益(成本)相背离所引起的外部性影响内部化,最终实现社会福利的最大化。按照科斯定理,如果交易成本为零,则无论权利如何界定,都可以通过市场交易和自愿协商达到资源的最优配置;如果交易成本不为零,则资源的最优配置就需要通过一定的制度安排与选择来实现。一般而言,如果通过政府调节的边际交易费用低于自愿协商的边际交易费用,宜采用"庇古税"路径;反之,宜采用"产权"路径;如果二者相等,则两种路径具有等价性[112]。

### 2.2.3 生态资本理论

根据环境经济学理论,整个生态环境都是资源,都具有价值,其价值大小受到稀缺程度和开发利用条件的影响;同其他生产要素一样,生态环境也是一种资产,作为自然资本向社会提供独特的生态服务,这种资源的提供应该得到相应的资本权益[113]。既然生态环境提供的生态服务被视为一种资源、一种资产,那么必然离不开有效的管理,于是将这种生态服务或者说价值的载体称为"生态资本"。生态资本是指能够带来经济效益和社会效益的生态资源和生态环境,主要包括自然资源总量、环境质量与自净能力、生态系统的使用价值以及能为未来产出使用价值的潜力等内容[114]。生态系统作为一个整体的使用价值,这里是指呈现出来的各环境要素的总体状态对人类社会生存和发展的有用性,以至满足人类精神文明和道德需求等生态服务功能。随着社会的不断进步和经济的快速发展,人类对自然资源的索取和对生态环境的破坏与对生态环境质量的要求相矛盾。在流域水资源管理中,流域上游地区大多经济相对贫困、生态相对脆弱,为发展经济常常最大限度地开发河流、利用水资源,过度消耗了生态资本,造成下游地区对高质量的生态环境的要求无法得到满足。人类必须意识到,不能只是向大自然索取,还要投资于大自然,一旦利用资源环境,就需要支付相应的费用,这样才能促进资源的有效配置,实现社会效益、经济效益和生态效益的统一。

### 2.2.4 稀缺性理论

稀缺性是指在某一特定时间空间里,特定资源的总体有限性相对于人类欲望的无限性及欲望的无限增长而言,有限的资源远远小于人类满足欲望的总体需求。如果以人类生存的年限来说,稀缺资源无法在短时间内找到替代品或者实现其本身的再生,无法满足人类无限欲望的需求期望[115]。流域水资源环境的容纳能力是有限的,这种资源的有限性在经济学上意味着稀缺性。环境容量资源的稀缺性主要表现在以下两个方面[111]:①环境要素价值的稀缺性,即环境要素多元价值难以同时实现,从而导致环境功能的资源稀缺。在一定时间和空间范围内,既要求同一环境要素满足人们的生产需求即容纳和承载污染物,又要求同一环境要素满足人们的生活需求即享受美丽的环境,使得人类的生产活动和生活活动对环境功能的需求开始产生竞争、对立、矛盾和冲突,由此产生了环境资源多元价值的竞争和某种环境功能的稀缺性。②环境净化功能的稀缺性,即环境净化功能难以满足人类生产、生活排放污染物的需要。随着生产力水平的提高、人口的增加和环境保护意识的增强,环境资源的不同功能开始相互抵触,环境资源难以容纳人类排放的各种污染物的特征逐渐显露。资源的稀缺性会导致竞争,引发市场中商品价格的变化,而价格的变化又会对供给产生作用。但良性的竞争会促进资源的有效配置,弥补资源稀缺带来的限制,使人类的福利达到最大程度。

## 2.3 跨行政区流域水污染防治的理论分析工具

### 2.3.1 合作博弈与非合作博弈

博弈论(Game Theory),又称为对策论或赛局理论,主要研究决策主体的行为发生直接相互作用时的决策以及这种决策的均衡问题,可以划分为合作博弈(Cooperative Game)和非合作博弈(Non-cooperative Game)。现代经济学家谈到博弈论,往往指的是非合作博弈,很少提及合作博弈。实际上,合作博弈的出现和研究比非合作博弈要早。1881年弗朗西斯·伊西德罗·埃奇沃思(Francis Ysidro Edgeworth)在他所著的《数学心理学》一书中就已经有了合作博弈的思想。1944年,约翰·冯·诺依曼与奥斯卡·摩根斯坦合著的博弈论奠基之作《博弈论与经济行为》正式提出了合作博弈的概念。1994年,诺贝尔经济学奖获得者约翰·福布斯·纳什（John Forbes Nash Jr.）清楚地界定了合作博弈与非合作博弈，即是否具有约束力的协议：倘若一个博弈当中的参与者能够作出具有约束力的协议，那么它便是一个合作博弈；反之，则是一个非合作博弈[36]。

具体而言，合作博弈是若干参与者结成联盟，共同合作争取联盟效用最大化，然后在联盟内部进行效用分配的博弈。因此，建立合作的重要前提是进行预先的协商，以确定合作的形式以及合作后所获取效用的分配方法。在合作博弈中，效用可能是得益（正效用），也可能是成本（负效用）。与非合作博弈不同的是，合作博弈常省略有关策略方面的细节，而着重研究在可作出具有约束力协议的情况下，联盟与联盟之间的合作和对抗，以及如何分配合作的所得。与非合作博弈相同的是，参与者都假定为理性人，只是侧重点不同：合作博弈强调的是集体理性，强调公平和效率（当二者存在冲突时，不同的合作博弈解会强调公平或者效率的不同侧面）；非合作博弈强调的是个体理性，强调个体决策最优，其结果可能是无效率的，也可能是有效率的，即符合集体理性。合作博弈按照局中人的行动顺序可以分为静态合作博弈（Static Cooperative Game）和动态合作博弈（Dynamic Cooperative Game）；按照货币是否被用来在不同局中人间转移效用可以分为可转移效用博弈（Transferable Utility Game）和不可转移效用博弈（Non-transferable Utility Game）；按照局中人是否完全参与合作可以分为完全合作博弈（Full Cooperative Game）和不完全合作博弈（Non-full Cooperative Game）[43]。

### 2.3.2　静态合作博弈

静态合作博弈可以用一个有限的局中人（Player）集合 $N$ 和一个定义在集合 $N$ 内的特征函数（Characteristic Function） $V$ 所组成的 $(N, V)$ 形式表示，它是从 $2^N$ 到实数集 $R^N$ 的映射，且 $V(\Phi) = 0$。令 $N = \{1, 2, \cdots, n\}$（其中 $n$ 为正整数）表示局中人集合，则它是由所有对问题结局有影响的独立利益主体构成的，集合中的每个元素代表一个局中人。全体局中人集合 $N$ 称为大联盟（Grand Coalition）； $s$ 为任意一个非空子集，即 $\forall s \subseteq N, s \neq \Phi$，称 $s$ 为 $N$ 的一个联盟；单个局中人则看作一个特殊的联盟。特征函数 $V$ 会对集合 $N$ 中的每一个可能的非空子集进行赋值,其值为一个实数,称为联盟值。$V(N)$ 表示全体局中人共同合作所能得到的效用;$V(s)$ 表示联盟 $s$ 中局中人相互合作所能得到的效用;$V(i)$ 表示第 $i$ 个局中人不与任何人联盟时所能得到的效用[116]。效用可能是得益(正效用),也可能是成本(负效用)。用 $n$ 维向量 $\boldsymbol{x}=\{x_1, x_2, \cdots, x_n\}$ 表示合作博弈中各局中人各自可以获得的效用,并称其为分摊向量。要使合作能够成立,特征函数需要满足下面 3 个条件[117]:

$$\begin{cases} V(N) \geqslant \sum_{i=1}^{n} V(\{i\}) \\ \sum_{i=1}^{n} x_i = V(N) \\ \boldsymbol{x}_i \geqslant V(\{i\}) \end{cases} \tag{2.1}$$

条件 1 称为特征函数的超可加性,即联盟一起行动至少可以做得与各局中人单独行动一样好,如果一个联盟不满足超可加性,那么其成员没有动机形成联盟,即无法形成合作博弈的基础;条件 2 称为集体理性,即每个局中人分配的效用总和应当与联盟总效用相等,通常也被称为帕累托最优性条件;条件 3 称为个体理性,说明联盟中个人分配到的效用不小于单独行动时分配到的效用,即分配必须使每个人都能得到更多的好处,否则将有个体不愿参加联盟。

静态合作博弈的解大致可以分为两类:一类是集值解,如稳定集、核心、谈判集、核仁等,这些解主要从防止联盟异议的角度考虑局中人的得益分配;另一类是单点解,如夏普利值、班茨哈夫值、欧文值等,这些解主要从边际贡献的角度考虑局中人的得益分配。由于集值解不一定都存在,而有时却又存在多个,单点解必定存在而且是唯一的,因此将研究重点放在单点解上,以下主要介绍本书将会运用到的夏普利值和班茨哈夫值。

(1)夏普利值

美国心理学家约翰·斯塔希·亚当斯(John Stacey Adams)于 1965 年提出的公平理论(Equity Theory)是研究人的动机和知觉关系的一种激励理论,他认为员工的激励程度来源于对自己和参照对象的报酬及投入的比例的主观比较感觉。按照此理论,如果在利益分配时采用贡献率,即根据团队(联盟)成员贡献的大小来分配资源,则可以提高团队的产出水平和成员的合作积极性。夏普利值就是一种求局中人平均贡献率的方法,它由罗伊德·夏普利于 1953 年提出,是一种目前求解多人合作博弈模型的基本方法。他认为每个局中人在开始决策前总希望分配到合理的效用,由此提出局中人的期望效用 $\varphi_i(V)$ 应满足 4 条公理[43],即匿名性(Anonymity)、有效性(Efficiency)、可加性(Additivity)和虚拟性(Dummy)。

公理 1(匿名性):假如 $\pi$ 是局中人的一个排列,$\pi_V$ 代表该排列对应的博弈问题。在这个博弈问题中,局中人 $i$ 的新编号为 $\pi_i$,有

$$\varphi_{\pi_i}(\pi_V) = \varphi_i(V) \tag{2.2}$$

公理 2(有效性):每个局中人分配的效用的总和等于总效用,即

$$\sum_{i \in N} \varphi_i(V) = V(N) \tag{2.3}$$

公理 3(可加性):对任意两个 $n$ 人合作博弈 $(N, V)$ 和 $(N, U)$,有

$$\varphi_i(V + U) = \varphi_i(V) + \varphi_i(U) \tag{2.4}$$

公理 4(虚拟性):若合作博弈 $(N, V)$ 中存在虚拟人 $i$,则 $i$ 加入还是不加入联盟对联盟没有影响,即

$$\varphi_i(V) = 0 \tag{2.5}$$

在这些公理的假设下,夏普利证明了存在唯一的函数 $\varphi_i^s(N, V)$,且 $\varphi_i^s(N, V)$ 等于该局中人对每一个他所参与的联盟的边际贡献的平均值,即

$$\varphi_i^s(N, V) = \sum_{\substack{|s| \\ i \in s}}^{\subseteq N} \frac{(|s| - 1)! \, (n - |s|)!}{n!} [V(s) - V(s \backslash \{i\})], i \in N$$

$$\tag{2.6}$$

式中 $\varphi_i^s(N, V)$ 称为夏普利值,简称 Shapley 值。其中 $|s|$ 表示联盟 $s$ 中所含局中人的个数,$V(s)$ 表示联盟 $s$ 的合作效用,$V(s \backslash \{i\})$ 表示联盟 $s$ 除去 $i$ 后的合作效用。从概率的角度来理解:假设局中人按照随机次序形成联盟,每种次序发生的概率都相等,均为 $1/n!$。局中人 $i$ 与前面的 $(|s| - 1)$ 人形成联盟 $s$,局中人 $i$ 对该联盟的边际贡献为 $V(s) - V(s \backslash \{i\})$。$s \backslash \{i\}$ 与 $N \backslash s$ 的局中人相继排列的次序共有 $(|s| - 1)! \, (n - |s|)!$ 种。因此,每种次序出现的概率应为 $(|s| - 1)!$ $(n - |s|)! / n!$。可见,局中人 $i$ 在联盟 $s$ 中的边际贡献的期望恰好就是夏普利值。夏普利值具有 3 个基本特性,即个体理性、集体理性和唯一性,适用于将局

中人可能构成的所有联盟考虑在内,但在实际中,有些局中人联盟是不起作用的,或者说是不现实的,从而使该方法的应用受到限制。

(2)班茨哈夫值

为了忽略不起作用的联盟,计算出有效的分配效用,约翰·班茨哈夫于1965 年提出班茨哈夫值。根据班茨哈夫的假定,如果局中人 $i$ 加入联盟 $s$ 后能使 $s$ 变为赢的联盟,即局中人 $i$ 的加入是决定性的,那么便称局中人 $i$ 有一个摆盟(Swing)[16]。设 $\theta_i$ 表示博弈中局中人 $i$ 的摆盟总数或者是起决定性作用的次数,在一个 $n$ 人合作博弈 $(N,V)$ 中,摆盟 $\theta_i$ 可以表示成

$$\theta_i[V] = \sum_{\substack{|s| \subseteq N \\ i \in s}} [V(s) - V(s\backslash\{i\})], i \in N \tag{2.7}$$

如果 $s$ 不是局中人 $i$ 的摆盟,则 $V(s)-V(s\backslash\{i\})=0$;如果 $s$ 是局中人 $i$ 的摆盟,则 $V(s)-V(s\backslash\{i\})=1$。班茨哈夫值取的是所有摆盟的平均值,没有考虑非摆盟因素,可以表示为

$$\varphi_i^b(N,V) = \sum_{\substack{|s| \subseteq N \\ i \in s}} \frac{1}{2^{n-1}} [V(s) - V(s\backslash\{i\})], i \in N \tag{2.8}$$

班茨哈夫值与夏普利值有一个共同点,就是两者皆为局中人对每个可能联盟的边际贡献的平均值。它们的区别在于加权因子的不同,夏普利值中各项的权重与联盟 $s$ 的个数有关;而班茨哈夫值中各项的权重相等,都是 $2^{1-n}$。班茨哈夫值的主要缺点在于它无法满足集体理性的条件,使得最终的分配不一定是有效的分配。但当存在一些不起作用的联盟时,班茨哈夫值更具有适用性。

### 2.3.3　动态合作博弈

对于任何一个合作博弈,如果博弈中的一位局中人在某时间点的行动依赖于在他之前的行动,那么该博弈便是一个动态合作博弈;反之则为一个静态合作博弈。对于动态合作博弈,如果有两个或两个以上的阶段,那么就是离散动态合作博弈;如果每个阶段的时间差收窄至最小极限,那么博弈便是一个时间不间断的动态合作博弈,又称微分合作博弈[118]。

（1）动态合作博弈

在动态合作博弈中,逆向归纳法(Backward Induction)是其求解的有效方法,即从动态合作博弈的最后一个阶段博弈方的行为开始分析,逐步倒推回前一个阶段相应博弈方的行为选择,一直到第一个阶段的分析方法。动态合作博弈的分析往往为扩展式表述,即采用博弈树的形式,分析要素包括①局中人集合 $N=\{1,2,\cdots,n\}$;②局中人的行动顺序:在什么时候行动;③局中人的行动空间:行动时局中人的选择;④局中人的信息集:行动时局中人知道什么;⑤局中人的得益函数:行动结束后局中人的得益;⑥外生事件:自然选择的概率分析[91]。逆向归纳法的实质就是将多阶段动态合作博弈化为一系列的单阶段合作博弈,通过对一系列的单阶段博弈的分析,确定各博弈方在各自单阶段的选择,最终对动态合作博弈的结果,包括对博弈的路径和各博弈方的得益等作出判断,归纳各博弈方在各阶段的选择,由此可得到各博弈方在整个动态合作博弈中的策略[119]。

（2）微分合作博弈

在微分合作博弈中,每位局中人都愿意遵循各方都同意的最优共识原则(Solution Optimality Principle)来决定如何合作以及如何分配合作得益。最优共识原则解法具体包括两个部分:第一,合作策略(或控制)集合的协议;第二,整体得益的分配方案。在合作博弈中,最优共识原则解法将沿着博弈的合作状态轨迹路径 $\{x_t^*\}_{t=t_0}^T$ 生效,同时还必须符合集体理性和个体理性。集体理性要求参与各方共同议定的合作策略能达到帕累托最优;个体理性要求局中人不会在合作安排下得到较不合作时低的支付[8]。考虑一个 $n$ 人合作博弈 $\Gamma(x_0,T-t_0)$,其中 $x_0$ 表示博弈的开始状态;$t_0$ 和 $T$ 分别表示博弈的开始时间和结束时间,$T-t_0$ 表示博弈的持续时间。每位局中人参与合作必须最大化各自得益的总和,其目标函数的现值可以表示为

$$\max_{u_i}\left\{\int_{t_0}^T \sum_{i=1}^n g^i[t,x(t),u_1(t),u_2(t),\cdots,u_n(t)]\exp\left[-\int_{t_0}^t r(y)\mathrm{d}y\right]\mathrm{d}t +\right.$$

$$\left.\exp\left[-\int_{t_0}^T r(y)\mathrm{d}y\right]\sum_{i=1}^n q^i(x(T))\right\}$$

$$g^i(\cdot)\geqslant 0, q^i(\cdot)\geqslant 0 \tag{2.9}$$

其中，$t \in [t_0, T]$ 表示博弈的每一时间点或时刻；$u_i \in U^i$ 表示局中人 $i$ 的控制，代表一条随时间进展的策略路径；$x(t) \in X \subset R^m$ 表示状态变量，其进展变化取决于动态系统 [见式 $(2.10)$]；$g^i[t, x(t), u_1(t), u_2(t), \cdots, u_n(t)]$ 表示局中人 $i$ 的瞬时得益；$q^i(x(T))$ 表示局中人 $i$ 的终点得益。

$$\dot{x}(t) = f[t, x(t), u_1(t), u_2(t), \cdots, u_n(t)], x(t_0) = x_0 \qquad (2.10)$$

根据最大值原理可得最优控制集 $u^*(t) = [u_1^*(t), \cdots, u_n^*(t)]$，将其代入式 $(2.10)$ 可得最优状态轨迹 $\{x_t^*\}_{t=t_0}^{T}$[120]，即

$$x^*(t) = x_0 + \int_{t_0}^{t} f[t, x^*(t), u^*(t)] dt, t \in [t_0, T] \qquad (2.11)$$

当存在连续可微分函数 $V^{t_0}(t, x): [t_0, T] \times R^m \to R$ 时，满足如下贝尔曼方程（Bellman Equation）[120]

$$-V_t^{t_0}(t, x) = \max_{u_i} \left\{ \sum_{i=1}^{n} g^i[t, x, u_1, u_2, \cdots, u_n] \exp\left[-\int_{t_0}^{t} r(y) dy\right] + \right.$$
$$\left. V_x^{t_0}(t, x) f[t, x, u_1, u_2, \cdots, u_n] \right\} \qquad (2.12)$$

其边际条件为

$$V^{t_0}(T, x) = \exp\left[-\int_{t_0}^{T} r(y) dy\right] \sum_{i=1}^{n} q^i(x(T)) \qquad (2.13)$$

式中 $V^{t_0}(t, x)$ 表示所有局中人在 $t_0$ 开始的博弈中，在时间和状态分别为 $t$ 和 $x$ 时，其在以后的时区 $[t, T]$ 的得益总和的现值，亦即整体的价值函数。式 $(2.12)$ 表示整体的价值函数的值将随着时间的进展而转变，而在每一瞬间的转变的减数则等于整体的瞬时得益的现值，加上状态的最优变化进展为整体价值函数的值所带来的转变。式 $(2.13)$ 表示整体的价值函数在结束时间点的得益等于整体进行了相应贴现的终点得益。

（3）随机微分合作博弈

考虑一个 $n$ 人合作博弈 $\Gamma(x_0, T - t_0)$，局中人合作的期望目标函数的现值可以表示为

$$\max_{u_i} E_{t_0} \left\{ \int_{t_0}^{T} \sum_{i=1}^{n} g^i[t, x(t), u_1(t), u_2(t), \cdots, u_n(t)] \exp\left[-\int_{t_0}^{t} r(y) dy\right] dt + \right.$$

$$\exp\left[-\int_{t_0}^{T} r(y)\,\mathrm{d}y\right] \sum_{i=1}^{n} q^i(x(T))\bigg\}$$

$$g^i(\cdot) \geqslant 0, q^i(\cdot) \geqslant 0 \tag{2.14}$$

它受制于随机动态系统

$$\mathrm{d}x(t) = f[t, x(t), u_1(t), u_2(t), \cdots, u_n(t)]\mathrm{d}t + \sigma[t, x(t)]\mathrm{d}z(t), \ x(t_0) = x_0$$

$$\tag{2.15}$$

在式(2.14)—式(2.15)中, $E_{t_0}$ 表示局中人在时间点 $t_0$ 的期望算子; $\sigma[t, x(t)]$ 表示 $m \times \Theta$ 矩阵; $z(t)$ 表示 $\Theta$ 维的维纳过程; 令 $\Omega[t, x(t)] = \sigma[t, x(t)]\sigma[t, x(t)]^T$ 表示一个协方差,其中带有行 $h$ 和列 $\xi$ 的元素记为 $\Omega^{h\xi}[t, x(t)]$。通过以上元素就可将随机因素加入到微分合作博弈中,则最优状态轨迹 $\{x_t^*\}_{t=t_0}^T$ 可以表示为

$$x^*(t) = x_0 + \int_{t_0}^{t} f[t, x^*(t), u^*(t)]\mathrm{d}t + \int_{t_0}^{t} \sigma[t, x^*(t)]\mathrm{d}z(t), t \in [t_0, T]$$

$$\tag{2.16}$$

当存在连续可微分函数 $V^{t_0}(t, x):[t_0, T] \times R^m \to R$, 满足以下偏微分方程

$$-V_t^{t_0}(t, x) - \frac{1}{2}\sum_{h, \xi = 1}^{m} \Omega^{h\xi}(t, x) V_{x^h x^\xi}^{t_0}(t, x) =$$

$$\max_{u_i}\left\{ \sum_{i=1}^{n} g^i[t, x, u_1, u_2, \cdots, u_n]\right.$$

$$\exp\left[-\int_{t_0}^{t} r(y)\,\mathrm{d}y\right] + V_x^{t_0}(t, x) f[t, x, u_1, u_2, \cdots, u_n]\bigg\} \tag{2.17}$$

其边际条件为

$$V^{t_0}(T, x) = \exp\left[-\int_{t_0}^{T} r(y)\,\mathrm{d}y\right] \sum_{i=1}^{n} q^i(x(T)) \tag{2.18}$$

式(2.17)表示整体的价值函数的值将随着时间的进展而随机地转变,而在每一瞬间的转变的减数则相等于整体的瞬时得益的现值,加上状态的最优变化进展为价值函数的值所带来的转变,再加上状态的随机变化进展为价值函数的值所带来的转变。式(2.18)表示整体的价值函数在结束时间点的得益相等于整体进行了相应贴现的终点得益。

### 2.3.4　模糊合作博弈

在现实生活中遇到的一些问题,用原有的静态或者动态合作博弈已经不能很好地进行刻画,如某些问题中关于联盟的构成,并不能准确界定完全属于或不属于这个联盟,而是存在一个隶属程度;某些问题中的支付值很难确定是一个数,还是存在一个变化范围。于是学者们将模糊集理论与合作博弈理论相结合引入了模糊合作博弈的概念。

设局中人集合 $N = \{1, 2, \cdots, n\}$(其中 $n$ 为正整数)。模糊联盟 $s = \{s_1, s_2, \cdots, s_n\}$ 表示定义在 $[0,1]^N$ 上的 $n$ 维向量,其中 $s_i$ 表示局中人 $i$ 在联盟 $s$ 中的参与水平(或者称参与程度)。用向量 $e^{\varphi} = (0,0,\cdots,0)$ 表示空联盟; $e^N = (1,1,\cdots,1)$ 表示最大的联盟;$e^i$ 表示最小的联盟,即第 $i$ 个分量为1,其余分量为0的单人联盟;$e^s$ 表示一个类经典联盟,即联盟 $s$ 中所有局中人都以参与度1进行合作,联盟 $s$ 以外的局中人则与联盟 $s$ 中的局中人没有任何合作,即参与度为0。模糊特征函数 $V(s)$ 表示每个局中人以参与度 $s_i$ 加入联盟时共同创造的价值。用 $n$ 维向量 $\boldsymbol{x}(s) = \{x_1(s), x_2(s), \cdots, x_n(s)\}$ 表示各局中人各自可以获得的效用,其中 $x_i(s)$ 表示局中人 $i$ 以参与度 $s_i$ 加入联盟时可以获得的效用。要使合作能够成立,特征函数需要满足超可加性、集体理性和个体理性3个条件[77]:

$$\begin{cases} V(s) \geqslant \sum_{i=1}^{n} V(s_i e_i) \\ \sum_{i=1}^{n} \boldsymbol{x}_i(s) = V(s) \\ \boldsymbol{x}_i(s) \geqslant V(s_i e_i) \end{cases} \quad (2.19)$$

由此可见,模糊合作博弈是原先的一般合作博弈的延拓,一般合作博弈是特殊的模糊合作博弈。

# 3 二项式半值在流域水污染防治
成本分摊中的应用

## 3.1 概 述

我国近三成的国土面积分布在十大流域内,涉及近千条大小不等的河流。随着城市化进程的加快,城镇生活污水排放量日益剧增。据统计,我国城镇生活污水排放量已从2001年的230亿吨增至2015年的535.2亿吨[3-4],90%以上的城镇水域受到不同程度的污染,部分河道的污染已达到危害居民健康的程度,给国家经济和社会生活造成极大危害。流域水污染已经成为我国目前面临的最严重的环境问题之一,采取各种行之有效的措施解决当前水环境治理问题已经刻不容缓。目前,我国流域水污染治理更多的还是停留在传统治理方式——属地治理上,但由于流域污染属于区域公共问题,单一政府治理无法有效解决,因此,近年来各地区政府开始从自身发展和实际需要出发就流域水污染治理问题展开合作。合作过程中一些问题逐渐暴露出来,分歧之一就是各地区一直没有找到切实有效的办法对污染治理成本进行合理分摊。这就涉及两个问题:①污染治理成本应该由谁承担? ②污染治理成本如何在污染承担方之间进行分摊? 问题①很容易回答:一般来说,谁污染谁负责;然而,问题②的答案就不那么明确了。

作为微观经济学研究的一个新兴重要分支,合作博弈是一种比较新的解决这类问题的方法。从经济学的角度来看,流域是一个空间整体性极强、关联度很高的区域,流域内各地区之间的相互制约和相互影响极为显著,所以只有各地区紧密合作,水污染治理才能够实现效益最大化,因此运用合作博弈来解决流域水污染治理中的成本分摊问题是可行的。当前合作博弈使用最多、也相对成熟的解是夏普利值,其主要思想是每个参与人所应承担的成本或所应获得的收益等于该参与人对每一个他所参与的联盟的边际贡献的平均值。Castano-Pardo 等[121]将夏普利值用于研究高速公路建设和维护费用分配问题;Kattuman 等[122]将其用来解决电网成本的分摊问题;Mutuswami[123]提出了基于 Dutta-Ray 平均解的二元成本分摊模型;Yang 等[124]利用夏普利值研究公司间如何进行技术共享。国内学者中,李军等[63]将夏普利值运用到易腐性产品的运输设施选择的费用分配问题上;李娟等[64]将夏普利值用于供应链上信息共享价值的分配;鲍新中等[116]利用夏普利值解决第三方物流供应成本分摊问题;谢俊等[125]针对西北电网水机电组调峰成本没有得到合理补偿的问题,将夏普利值应用在调峰费用的分摊上。夏普利值适用于将局中人可能构成的所有联盟考虑在内,但在实际中,该解的应用也会受到限制。正是由于夏普利值的缺陷,学者们对该方法作了很多尝试性的改进,提出了如欧文值、班茨哈夫值、半值、二项式半值等解的概念。针对夏普利值没有考虑大联盟的分割对成本分摊造成的影响,欧文值主要用来研究大联盟内部存在多个决定了事前合作的子联盟的分配问题。Vázquez-Brage 等[46]将欧文值引入不同航空公司的飞机在机场降落所构成的机场博弈中,以计算机场跑道成本分摊问题,结果发现几个公司合并起来组成航空集团后会节约成本分摊的支出。班茨哈夫值与夏普利值的不同在于权重设置,夏普利值各项的权重与联盟的个数有关,班茨哈夫值将各项的权重统一设置为 $2^{1-n}$。当存在一些不起作用的联盟时,班茨哈夫值更具有适用性。但夏普利值是基于局中人边际贡献的唯一预期支付,而班茨哈夫值不具有唯一性,也不一定是有效分配。于是学者们又提出了半值、二项式半值概念。Carreras 等[126-128]研究分析了半值作为权利指数的相关理论,运用二项式半值分析了联盟形成的效果;Alonso-Meijide 等[129]则将二项式半值扩展为对称联盟二项式半值并进行公理化刻画。

从上述分析可以看出,国内有关合作博弈理论的研究更多的还是停留在运用夏普利值这一较成熟的解来研究成本分摊问题上。国外研究虽然较国内更趋成熟,但国外学者主要侧重于合作博弈理论的研究,将理论运用到具体领域的文献较少。鉴于国内外文献鲜有将合作博弈理论运用在流域水污染治理领域,并综合考虑合作博弈理论各种解的特点及适用范围,本章采用二项式半值这一最新合作博弈解的概念,同时借鉴欧文值考虑局中人事先形成子联盟情形的解的思路,提出建立具有联盟结构的二项式半值解,并将其运用在解决流域水污染治理成本分摊问题上。

## 3.2　二项式半值

半值[130]概念首先由杜比(Dubey)于 1981 年提出,他认为具有相同规模的联盟应该有相同的发生概率,把半值运用在成本分摊博弈 $(N,C)$ 中,可得

$$\sigma_i(N,C) = \sum_{\substack{s \subseteq N \\ i \in s}} P_{|s|}\left[C(s) - C(s \backslash \{i\})\right], i \in N \tag{3.1}$$

式(3.1)中, $\sigma_i(N,C)$ 称为半值;$N$ 为全体局中人集合;$s$ 为任意一个非空子集,称 $s$ 为 $N$ 的一个联盟;$|s|$ 为联盟 $s$ 中所含局中人的个数;$C$ 为定义在局中人集合上的特征函数;$C(s)$ 为联盟 $s$ 中每个局中人需要支付的成本之和,$C(s \backslash \{i\})$ 为联盟 $s$ 除去 $i$ 后的合作成本;$P_{|s|}$ 为权重系数,有

$$\sum_{|s|=1}^{n} \binom{n-1}{|s|-1} P_{|s|} = 1, 0 \leqslant P_{|s|} \leqslant 1, 1 \leqslant |s| \leqslant n \tag{3.2}$$

假设权重系数具有几何级数形式,即

$$P_{|s|+1} = kP_{|s|}(1 \leqslant |s| \leqslant n-1, k > 0)$$

其中,$k = \alpha/(1-\alpha), 0 < \alpha < 1$。

由此可得

$$\sum_{|s|=1}^{n} \binom{n-1}{|s|-1} P_{|s|} = P_1 \sum_{|s|=1}^{n} \binom{n-1}{|s|-1} k^{|s|-1} = P_1(1+k)^{n-1} = 1 \tag{3.3}$$

因此

$$P_1 = (1-\alpha)^{n-1}, P_{|s|} = \alpha^{|s|-1}(1-\alpha)^{n-|s|}, 0 \leqslant \alpha \leqslant 1, 1 \leqslant |s| \leqslant n$$

将计算出的结果作为每个局中人贡献值的权重,从而得到的半值称为二项式半值[131],则式(3.1)可变换为

$$\sigma_i(N,C) = \sum_{\substack{s \subseteq N \\ i \in s}} \alpha^{|s|-1}(1-\alpha)^{n-|s|}[C(s) - C(s\backslash\{i\})], i \in N \quad (3.4)$$

式(3.4)中,当 $\alpha=0$ 时,$\sigma_i(N,C) = C(\{i\})$,$i \in N$;当 $\alpha=1$ 时,$\sigma_i(N,C) = C(N) - C(N\backslash\{i\})$,$i \in N$。参数 $\alpha$ 在 0 和 1 之间取值,反映出局中人愿意组成联盟的几何变化趋势:$\alpha$ 越小,局中人越不愿意形成联盟;$\alpha$ 越大,局中人更倾向于形成大规模的联盟。可见,夏普利值和班茨哈夫值都属于二项式半值的一种,夏普利值认为基于具有相同排序的局中人的边际贡献都应有相同的权重 $1 \Big/ \left[ n \binom{n-1}{|s|-1} \right]$,班茨哈夫值认为基于每一边际贡献的权重都等于 $2^{1-n}$。

要使该合作能够成立,二项式半值的特征函数需要满足 3 个条件,即特征函数的超可加性、集体理性和个体理性。①特征函数的超可加性。联盟中各局中人一起行动至少可以做得与局中人单独行动一样好,如果一个联盟不满足超可加性,那么其成员没有动机形成联盟。②集体理性。每个局中人分配的支付总和应当与联盟总成本相等,否则会有一部分费用无人承担。③个体理性。联盟中各局中人分配到的成本不大于单独经营所分配到的成本,即分配必须使每个人都能得到更多的好处,否则将有个体不愿参加联盟。满足上述条件的成本分摊方案的解被认为在合作博弈 $(N,C)$ 中是稳定的,从而证明该方案是可行的。

欧文在 1972 年提出的多重线性扩展(Multilinear Extension, MLE)方法可用来求解二项式半值[132]。假设函数 $f(x_1, x_2, \cdots, x_n)$ 是成本分摊博弈的 MLE,即

$$f(x_1, x_2, \cdots, x_n) = \sum_{s \subseteq N} \prod_{j \in s} x_j \prod_{k \notin s} (1 - x_k) C(s) \quad (3.5)$$

其梯度算子为

$$\nabla f(x_1, x_2, \cdots, x_n) = \left( \frac{\partial f}{\partial x_1}, \frac{\partial f}{\partial x_2}, \cdots, \frac{\partial f}{\partial x_n} \right) \quad (3.6)$$

每个局中人所分摊到的成本可以表示为

$$(\sigma_\alpha)_i(N,C) = \frac{\partial f}{\partial x_i}(\bar{\alpha})$$

其中,$\bar{\alpha} = (\alpha, \alpha, \cdots, \alpha)$。通过矩阵乘积计算得到全部分配向量

$$\boldsymbol{\sigma}(N,C) = \boldsymbol{B} \times \boldsymbol{\Lambda}$$

其中,$B = (b_{ij})_{1 \le i,j \le n}$,$b_{ij} = (\sigma_{\alpha_j})_i(N,C) = \dfrac{\partial f}{\partial x_i}(\overline{\alpha_j})$,$\Lambda^t = (\lambda_1 \quad \lambda_2 \quad \cdots \quad \lambda_n)$。$\boldsymbol{B}$ 为博弈中不同规模下的二项式半值共同组成的矩阵,称为参照系统,$\boldsymbol{\Lambda}$ 为二项式半值组成的参照系统的系数矩阵。由于 $\alpha$ 取值不同,所以将会得到不同规模下的二项式半值存在系数 $\lambda_j(1 \le j \le n)$,使得最终局中人分摊值为

$$\sigma = \sum_{j=1}^{n} \lambda_j \sigma_{\alpha_j}$$

其中,$\displaystyle\sum_{j=1}^{n} \lambda_j = 1$。

## 3.3 具有联盟结构的二项式半值

局中人在权衡利弊后常常会在大联盟中作出自发形成小联盟的决定,使得大联盟被分割成若干个子联盟,这会对分摊结果带来影响。假设 $B(N)$ 表示局中人 $N$ 中各种分割的集合,每一种分割 $B \in B(N)$。假设 $B = \{B_1, B_2, \cdots, B_m\}$ 为局中人集合的某一联盟结构;$M = \{1,2,\cdots,m\}$ 表示 $B$ 的指标集,它满足子集非空性和不相交性,即 $U_{k=1}^{m} B_k = N$,且 $B_k \cap B_l = \varnothing$,$k,l \in \{1,2,\cdots,m\}$,$k \ne l$。当每个局中人独自构成一个联盟时,则形成了最小的联盟结构,即 $B^n = \{\{1\}, \{2\},\cdots,\{n\}\}$;当大联盟形成时,则 $B^n = \{\{N\}\}$。在联盟结构中,自然形成的二级博弈可表示为 $(N,C,B)$,第一阶段博弈是子联盟之间的博弈;第二阶段博弈是各子联盟内部局中人之间的博弈。假设每个局中人分摊的成本为 $\sigma_i(N,C,B)$,则联盟结构中求解成本的二项式半值可以表示为[133]

$$\sigma_i(N,C,B) = \sum_{p=1}^{n} \sum_{q=1}^{n} \lambda_p \lambda_q \left\{ \sum_{s \subseteq B_j \setminus \{i\}} \sum_{T \subseteq M \setminus \{j\}} \alpha_p^{|s|} \alpha_q^{t} (1-\alpha_p)^{b_j - |s| - 1} \times \right.$$

$$\left. (1-\alpha_q)^{m-t-1} \left[ C(B_t \cup s \cup \{i\}) - C(B_t \cup s) \right] \right\}$$

$$i \in B_j, B_j \in B \tag{3.7}$$

若令

$$a_{pq}(i,C,B) = \sum_{s \subseteq B_j \setminus \{i\}} \sum_{T \subseteq M \setminus \{j\}} \alpha_p^{|s|} \alpha_q^t (1 - \alpha_p)^{b_j - |s| - 1} \times$$

$$(1 - \alpha_q)^{m-t-1} [C(B_t \cup s \cup \{i\}) - C(B_t \cup s)]$$

则形成矩阵

$$\boldsymbol{A}(i) = (a_{pq}(i)) \qquad 1 \leqslant p,q \leqslant n$$

由此可得

$$\sigma_i(N,C,B) = \sum_{p=1}^n \sum_{q=1}^n \lambda_p \lambda_q a_{pq}(i,C,B) = \sum_{q=1}^n \left( \sum_{p=1}^n \lambda_p a_{pq}(i,C,B) \right) \lambda_q = \Lambda^t A(i) \Lambda$$

$$(3.8)$$

在联盟结构中,利用多重线性扩展法来求解 $A(i)$。首先用函数 $f(x_1,x_2,\cdots,x_n)$ 表示成本分摊博弈。对于 $t \in M, t \neq j, m \in B_t$,用 $y_t$ 代替 $x_m$,其中,如果出现 $y_t^r (r > 1)$,则用 $y_t$ 代替,由此得到一个关于 $x_k$ 和 $y_t$ 的新函数 $g_j(x_k,y_t)$,且有

$$g_j[(x_k)_{k \in B_j},(y_t)_{t \neq j}] = \sum_{s \subseteq B_j \setminus \{i\}} \sum_{T \subseteq M \setminus \{j\}} \left[ \prod_{k \in s} x_k \prod_{k \in B_j \setminus s} (1 - x_k) \times \right.$$

$$\left. \prod_{t \in T} y_t \prod_{t \notin T \cup \{j\}} (1 - y_t) \right] C(B_t \cup s) \qquad (3.9)$$

求解 $g_j(x_k,y_t)$ 关于 $x_i$ 的偏导数,可得

$$\frac{\partial g_j}{\partial x_i}(x_k,y_t) = \sum_{s \subseteq B_j \setminus \{i\}} \sum_{T \subseteq M \setminus \{j\}} \left[ \prod_{k \in s} x_k \prod_{k \in \{B_j \setminus \{i\}\} \setminus s} (1 - x_k) \times \prod_{t \in T} y_t \prod_{t \notin T \cup \{j\}} (1 - y_t) \right] \times$$

$$C[(B_t \cup s \cup \{i\}) - C(B_t \cup s)] \qquad (3.10)$$

用 $\alpha_p$ 代替 $x_k$,用 $\alpha_q$ 代替 $y_t$,则有

$$\frac{\partial g_j}{\partial x_i}(\overline{\alpha_p},\overline{\alpha_q}) = \sum_{s \subseteq B_j \setminus \{i\}} \sum_{T \subseteq M \setminus \{j\}} \alpha_p^{|s|} (1 - \alpha_p)^{b_j - |s| - 1} \alpha_q^t (1 - \alpha_q)^{m-t-1} \times$$

$$[C(B_t \cup s \cup \{i\}) - C(B_t \cup s)] \qquad (3.11)$$

可以看出

$$\frac{\partial g_j}{\partial x_i}(\overline{\alpha_p},\overline{\alpha_q}) = a_{pq}(i) \qquad 1 \leqslant p,q \leqslant n$$

因此

$$\sigma_i(N,C,B) = \Lambda^t A(i) \Lambda$$

# 3.4 成本分摊

## 3.4.1 基本假定

假定1:采用河流分段的方法,将河流按照行政区域分段,每一河段的水文条件基本上保持一致,流速为0.5 m/s,以各河段的起始断面为水质控制断面。

假定2:污染物间接不影响。它是指上游地区只对下游相邻地区的环境质量产生直接影响,而不对下游相邻地区以下的地区环境产生直接影响,下游水质也不会对上游水质产生任何影响。因此,河流每个断面的水质状态都可以视为上游排放的污染物和本区域排放的污染物共同影响的结果。

假定3:河流中污染物主要以有机污染物为主。实际河流中污染物主要包括有机污染物和无机污染物两种,无机污染物一般只随水进行迁移和简单的状态转化,而通常所说的污染物主要指有机污染物。大量有机污染物排入水体,在水体中进行氧化分解,使水中溶解氧不断消耗而缺氧,造成鱼类甚至原生动物死亡,细菌大量繁殖,生态循环遭到破坏。因此,本文假定河流污染物主要是有机污染物。

## 3.4.2 研究对象

选取长江流域忠县至云阳所辖河段作为实证研究对象,该河段处于三峡库区腹地,包括忠县、万州、云阳3个行政区域。三峡工程的修建使得库区河段水深加大,流速放缓,泥沙淤积,河流纳污能力削弱,治理污染任务更加紧迫而艰巨。

选取化学需氧量(Chemical Oxygen Demand, COD)作为代表性的水质指标,它是指在一定条件下,采用一定的强氧化剂处理水样时所消耗的氧化剂量。

COD 是衡量水中还原性物质多少的指标。水中还原性物质包括各种有机物、亚硝酸盐、硫化物、亚铁盐等,但主要是有机物。因此,COD 往往作为衡量水中有机物含量多少的指标。COD 越大,说明水体受有机物的污染越严重。COD 的计算公式为

$$\text{COD 排放质量浓度} = \frac{\text{COD 排放量}}{\text{废水量}}$$

### 3.4.3　联盟与特征函数

(1)联盟

将长江流域 3 个地区忠县、万州、云阳分别记为局中人 1、2、3,局中人集合记为 $N = \{1, 2, 3\}$。地区间形成联盟是因为存在污染转嫁,未相邻地区因为彼此无影响,联盟失去意义,因此只有相邻地区才会考虑形成联盟,即所有可能的联盟 $s = \{\{1\}, \{2\}, \{3\}, \{1,2\}, \{2,3\}, \{1,2,3\}\}$。

(2)特征函数

假定各地区污水排放需要收取的费用为污染治理成本。由于采用 COD 作为污染指标,为了计算所有联盟的排污费收费额度,需求出各地区的 COD 排放浓度。对于每一河段,COD 实际上受到来自上游地区和本地区废水排放的共同影响(假定起始段忠县不受上游的影响)。

①受本地区排放影响的各地区 COD 排放浓度。

受本地区排放影响的各地区 COD 排放浓度见表 3.1。

表 3.1　受本地区排放影响的各地区 COD 排放浓度

| 地　区 | 废水量/亿 L | COD 排放量/t | $\rho$(COD 排放浓度)/(mg · L$^{-1}$) |
|---|---|---|---|
| 忠县 | 125.83 | 2 007.10 | 159.51 |
| 万州 | 524.85 | 1 371.80 | 26.14 |
| 云阳 | 189.98 | 1 548.00 | 81.48 |

注:各项指标的统计均包括城镇生活污水和工业污染源废水排放。

资料来源:《2008 年长江三峡工程生态与环境监测公报》

②受上游地区排放影响的各地区 COD 排放浓度。

在河流流态稳定时,河流中有机物 COD 由于生物降解所产生的浓度变化可以用一级反应式[134]表达,即

$$C = C_0 \left[ \exp\left( - K_r \frac{x}{u_x} \right) \right] \tag{3.12}$$

式(3.12)中,$C$ 为河流任意断面处有机物剩余 COD,mg/L;$C_0$ 为起始断面处有机物 COD,mg/L;$x$ 为距离起始断面(排放点)的距离,$m$;$u_x$ 为河流平均流速,0.5 m/s;$K_r$ 为河流中 COD 衰减速度常数,它可以由式(3.13)[134]确定

$$K_r = \frac{1}{t} \ln\left( \frac{L_A}{L_B} \right) \tag{3.13}$$

式(3.13)中,$L_A$、$L_B$ 分别表示河流上游断面 $A$、下游断面 $B$ 处的 COD 浓度,mg/L;$t$ 为水流从上游断面 $A$ 流经下游断面 $B$ 所需时间,s。受上游地区排放影响的各地区 COD 排放浓度见表 3.2。

表 3.2 受上游地区排放影响的各地区 COD 排放浓度

| 地 区 | 距离上游地区距离/km | $\rho$(COD 排放浓度)/(mg·L$^{-1}$) |
| --- | --- | --- |
| 忠县 | — | — |
| 万州 | 82 | 26.13 |
| 云阳 | 10 | 81.47 |

注:各项指标的统计均包括城镇生活污水和工业污染源废水排放。

③各地区 COD 排放浓度。

根据上游地区和本地区排放对各地区 COD 排放浓度的影响可以得到矩阵 $A$ 为

$$A = \begin{pmatrix} a_{11} & 0 & 0 \\ a_{12} & a_{22} & 0 \\ 0 & a_{23} & a_{33} \end{pmatrix} = \begin{pmatrix} 159.51 & 0 & 0 \\ 26.13 & 26.14 & 0 \\ 0 & 81.47 & 81.48 \end{pmatrix}$$

其中,每一列数据表示各地区排放对本地区和下游地区 COD 排放浓度的影响,每一行数据表示各地区受上游地区和本地区 COD 排放浓度的影响。

④特征函数。

我国国家发展计划委员会(现称"国家发展和改革委员会")、财政部、国家

环境保护总局(现称"生态环境部")、国家经济贸易委员会于 2003 年联合发布第 31 号令,根据国务院《排污费征收使用管理条例》(国务院令第 369 号),制定了《排污费征收标准管理办法》,并决定从 2003 年 7 月 1 日起正式施行。该办法规定:污水排污费按排污者排放污染物的种类、数量以污染当量计征,每一污染当量征收标准为 0.7 元,以 COD 作为主要污染指标,排污收费计算公式为

污水排污费收费额 = COD 污染当量数 × 0.7

$$= \frac{COD\ 排放量}{COD\ 污染当量值} \times 0.7 (其中\ COD\ 污染当量值为\ 1\ kg)$$

$$= COD\ 排放量 \times 0.7$$

$$= COD\ 排放质量浓度 \times 废水量 \times 0.7$$

由此可以计算出各地区单独治污的治理成本,用矩阵 $C$ 表示即为

$$C = \begin{pmatrix} C_1 \\ C_2 \\ C_3 \end{pmatrix} = \begin{pmatrix} 1\ 404\ 980 \\ 1\ 920\ 374 \\ 2\ 167\ 140 \end{pmatrix}$$

同理,可以得到局中人形成的联盟的治污成本。$C(\{1\})$、$C(\{2\})$、$C(\{3\})$、$C(\{1,2\})$、$C(\{2,3\})$ 和 $C(\{1,2,3\})$ 联盟的特征函数值分别为 1 404 980、1 920 374、2 167 140、2 365 230、4 086 611 和 3 448 830 元。

从以上数据可以看出,$C(\{1\}) + C(\{2\}) > C(\{1,2\})$,$C(\{2\}) + C(\{3\}) > C(\{2,3\})$,$C(\{1\}) + C(\{2\}) + C(\{3\}) > C(\{1,2,3\})$,表示无论是两地区还是三地区形成联盟,合作的成本都要低于各地区单独治理需要耗费的成本之和,证明该结果满足特征函数要求的超可加性条件,局中人展开合作比不合作要划算。但一旦地区间形成联盟,如何进行治污成本分摊,就需要作进一步求解。

## 3.4.4  成本分摊结果

假设万州、云阳两个地区事先通过协商决定形成 1 个子联盟,忠县未参与任何联盟,于是形成 $B = \{B_1, B_2\} = \{\{1\}, \{2,3\}\}$ 的联盟结构。在此情况下,为得到三地区分摊的成本值,利用二项式半值解作如下计算。

首先通过多重线性扩展方法将局中人形成的所有联盟用函数 $f(x_1, x_2, x_3)$

表示为

$$f(x_1, x_2, x_3) = 1\,404\,980x_1 + 1\,920\,374x_2 + 2\,167\,140x_3 - 960\,124x_1x_2 -$$
$$3\,572\,120x_1x_3 - 903x_2x_3 + 2\,489\,483x_1x_2x_3$$

①子联盟 $B_1$ 中局中人 1 的参照系统。

$$g(x_1, y_2) = 1\,404\,980x_1 + 4\,087\,514y_2 - 4\,532\,244x_1y_2 - 903y_2^2 + 2\,489\,483x_1y_2^2$$

由于函数 $g(x_1, y_2)$ 中出现 $y_2^2$，用 $y_2$ 代替，从而得到 1 个关于 $x_1$ 和 $y_2$ 的新函数 $g'(x_1, y_2)$，有

$$g'(x_1, y_2) = 1\,404\,980x_1 + 4\,086\,611y_2 - 2\,042\,761x_1y_2$$

对新函数 $g'(x_1, y_2)$ 中的 $x_1$ 求偏导，可得

$$\frac{\partial g}{\partial x_1}(x_1, y_2) = 1\,404\,980 - 2\,042\,761y_2$$

用 $\alpha_p$ 代替 $x_1$，用 $\alpha_q$ 代替 $y_2$，则有

$$\frac{\partial g}{\partial x_1}(\overline{\alpha_p}, \overline{\alpha_q}) = 1\,404\,980 - 2\,042\,761\overline{\alpha_q}$$

取 $\alpha = 1/6, 1/2, 5/6$，得到局中人 1 的参照系统为

$$A(1) = \begin{pmatrix} 1\,064\,520 & 1\,064\,520 & 1\,064\,520 \\ 383\,600 & 383\,600 & 383\,600 \\ -297\,321 & -297\,321 & -297\,321 \end{pmatrix}$$

②子联盟 $B_2$ 中局中人 2 的参照系统。

$$g(y_1, x_2, x_3) = 1\,404\,980y_1 + 1\,920\,374x_2 + 2\,167\,140x_3 - 960\,124y_1x_2 -$$
$$3\,572\,120y_1x_3 - 903x_2x_3 + 2\,489\,483y_1x_2x_3$$

对函数 $g(y_1, x_2, x_3)$ 中的 $x_2$ 求偏导，可得

$$\frac{\partial g}{\partial x_2}(y_1, x_2, x_3) = 1\,920\,374 - 960\,124y_1 - 903x_3 + 2\,489\,483y_1x_3$$

用 $\alpha_p$ 代替 $x_3$，用 $\alpha_q$ 代替 $y_1$，则有

$$\frac{\partial g}{\partial x_2}(\overline{\alpha_p}, \overline{\alpha_q}) = 1\,920\,374 - 960\,124\overline{\alpha_q} - 903\overline{\alpha_p} + 2\,489\,483\overline{\alpha_q}\,\overline{\alpha_p}$$

取 $\alpha = 1/6, 1/2, 5/6$，得到局中人 2 的参照系统为

$$A(2) = \begin{pmatrix} 1\,829\,355 & 1\,967\,359 & 2\,105\,362 \\ 1\,647\,618 & 2\,062\,231 & 2\,476\,844 \\ 1\,465\,882 & 2\,157\,104 & 2\,848\,326 \end{pmatrix}$$

③子联盟 $B_2$ 中局中人 3 的参照系。

对函数 $g(y_1, x_2, x_3)$ 中的 $x_3$ 求偏导,可得

$$\frac{\partial g}{\partial x_3}(y_1, x_2, x_3) = 2\,167\,140 - 3\,572\,120y_1 - 903x_2 + 2\,489\,483y_1x_2$$

用 $\alpha_p$ 代替 $x_2$,用 $\alpha_q$ 代替 $y_1$,则有

$$\frac{\partial g}{\partial x_3}(\overline{\alpha_p}, \overline{\alpha_q}) = 2\,167\,140 - 3\,572\,120\overline{\alpha_q} - 903\overline{\alpha_p} + 2\,489\,483\overline{\alpha_q}\,\overline{\alpha_p}$$

取 $\alpha = 1/6, 1/2, 5/6$,得到局中人 3 的参照系为

$$\boldsymbol{A}(3) = \begin{pmatrix} 1\,640\,788 & 1\,778\,792 & 1\,916\,796 \\ 588\,386 & 1\,002\,999 & 1\,417\,612 \\ -464\,016 & 227\,206 & 918\,428 \end{pmatrix}$$

④分摊结果。

取 $\Lambda^t = \left(\dfrac{3}{8}, \dfrac{2}{8}, \dfrac{3}{8}\right)$,可得

$$\sigma_1(N, C, B) = \Lambda^t A(1)\Lambda = 383\,600$$

$$\sigma_2(N, C, B) = \Lambda^t A(2)\Lambda = 2\,062\,231$$

$$\sigma_3(N, C, B) = \Lambda^t A(3)\Lambda = 1\,002\,999$$

从以上结果可以看出,三地区分摊的成本之和为 3 448 830(383 600 + 2 062 231 + 1 002 999)元,即大于联盟形成时的成本 $C\{1,2,3\}$,说明结果满足集体理性。忠县的独立治污成本 $C\{1\}$ 耗费 1 404 980 元,云阳的独立治污成本 $C\{3\}$ 耗费 2 167 140 元,均明显大于联盟结构下两地区的分摊成本 383 600 元和 1 002 999 元,联盟结构下万州分摊成本基本与独立治污成本持平,说明结果总体满足个体理性。综上分析,水污染治理成本分摊结果完全满足二项式半值特征函数要求的 3 个条件,因而是有效的,证明三地区治污需要花费的总费用在所有局中人之间进行了合理分配。以上是以三地区可能存在的一种联盟结构为例进行的计算,从结果来看,虽然满足 3 个条件,但对每个地区而言并不一定是最佳选择,各地区可以根据实际选择联盟方式,从而形成新的联盟结构,但无论各地区联盟形式如何,通过以上分析可以证明此法能确保治污成本在局中人间进行合理分摊。

# 3.5 本章小结

当前我国日益恶化的流域水环境对国家经济和社会生活造成了极大危害，防治任务既紧迫又艰巨。认真分析我国流域水污染状况，采取切实有效的对策，对于流域生态建设具有十分重要的现实意义。加大流域水污染防治力度首先要解决的是如何对流域污染治理产生的成本进行合理有效的分摊。针对流域水污染治理成本分摊这一关键问题，本章提出了利用合作博弈理论解决的新途径，即在传统使用的夏普利值解的基础上，运用新提出但更具有普适性的二项式半值的解的概念，在考虑联盟结构的情况下，通过多重线性扩展进行求解。该方法较合作博弈的其他解而言，一方面不必将未起作用的联盟考虑在内；另一方面，可以根据每个局中人对联盟的贡献不同而赋予不同的权重，同时充分考虑局中人通过事前达成意向形成子联盟的可能来建立二级联盟结构。在实证阶段，选取COD作为代表性水质指标。COD排放浓度的计算充分考虑各地区浓度除受本地区污染影响外，还受上游转嫁污染的影响，使得由此计算出的污水排污费作为治理成本更能反映各地区实际情况。最终的实证结果有力地验证了该成本分摊方式的公平合理。

# 4 模糊夏普利值在流域水污染防治成本分摊中的应用

## 4.1 概　述

流域水资源保护与水环境改善作为生态文明建设的重要组成部分备受我国政府及社会各界高度关注。据《2015中国水资源公报》显示,全国530个重要省界断面中,仍有34%的断面为Ⅳ类至劣Ⅴ类水质,水质现状与2015年发布的《水污染防治行动计划》的要求以及人民群众的需求仍存在较大差距。由于水具有自上而下的流动性,污染物容易发生迁移,因此流域水污染治理需要上下联动。但流域上下游地区在功能区划、环境容量、发展与生存权等方面都存在较大差异,这直接导致流域内各区域经济发展与环境保护之间的矛盾更加突出。为解决这一问题,我国流域水污染治理必须打破局限于行政辖区内单打独斗开展治理的僵局。其解决的核心思路就是按照一定的标准将流域环境功能使用的外部成本内部化,即首先解决如何将污染治理产生的成本在参与各地区之间进行合理有效的分配。

国内外学者主要运用合作博弈理论来解决流域水污染治理中的成本分摊问题,其中使用最多也相对成熟的夏普利值就是其中一种非常重要的解的概念。Debing Ni 等[88]根据绝对领土主权(ATS)和无限领土完整(UTI)两大解决国际争端的主要原则,在夏普利值解的基础上提出局部责任法(LRS)和上游平均分摊法(UES)两种治污成本分摊方法。李维乾等[89]给出基于DEA合作博弈模型的流域生态补偿额分摊方案,并针对经典夏普利值解的局限性,利用梯形模糊数对夏普利值进行了改进。马永喜[135]运用夏普利值法构建了一个水资源跨区转移利益分配方法,并以浙江省诸暨市为例进行了实证分析验证。以上对夏普利值的运用都是以局中人完全参与合作为前提,而现实中局中人很有可能不是完全参与合作,而是以某种程度参与合作。Aubin[47]提出局中人是以不同的参与率参加到多个联盟中的。Butnariu[50]提出模糊夏普利值的解的概念,并指出模糊夏普利值既不单调非减又不连续。Tsurumi 等[54]构造了一个具有 Choquet 积分的模糊夏普利值使其满足既单调非减又连续的特性。孙红霞和张强[73]运用势函数和一致性对模糊夏普利值进行了刻画。高璟和张强[77]研究了具有模糊联盟的合作对策求解问题。Armaghan 等[91]分别建立具有模糊联盟的合作博弈模型和具有模糊联盟值的合作博弈模型来解决流域内和跨流域的水资源分配问题。

现有研究较少运用合作博弈理论来解决水资源保护与水环境改善的成本分摊问题,而有限的研究大多也是以局中人完全参与合作为前提。本章基于我国流域水污染治理的实际,提出运用基于内部风险因素的模糊夏普利值的解的概念,并且将跨区域流域水污染治理中各参与主体进一步细分为生产用水部门和生活用水部门,以求更贴近现实地解决当前跨区域流域水污染治理的成本分摊问题。这将有助于各地区各参与部门在追求自身利益最大化的同时积极参与流域污染治理,促使全流域达到资源的有效配置,提高整个流域的社会福利水平。

## 4.2　模型构建

### 4.2.1　夏普利值

夏普利值的概念首先是由罗伊德·夏普利于 1953 年提出,是目前求解多人合作博弈模型的一种基本方法。夏普利证明了存在唯一的特征函数 $\Phi_i(C)$,它

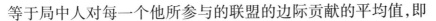

等于局中人对每一个他所参与的联盟的边际贡献的平均值,即

$$\Phi_i(C) = \sum_{\substack{s \subseteq N \\ i \in s}} \frac{(|s|-1)! \, (n-|s|)!}{n!} [C(s) - C(s \setminus \{i\})] \qquad (4.1)$$

式中 $\Phi_i(C)$ 称为夏普利值。其中 $|s|$ 表示联盟 $s$ 中所含局中人的个数,$(|s|-1)! \, (n-|s|)! / n!$ 表示局中人 $i$ 参与联盟 $s$ 的概率,$C(s)$ 表示联盟 $s$ 的成本,$C(s \setminus \{i\})$ 表示联盟 $s$ 除去 $i$ 后的成本,$C(s)$ 与 $C(s \setminus \{i\})$ 的差值表示局中人 $i$ 对联盟 $s$ 所做边际贡献的大小。$\Phi_i(C)$ 需要满足两个基本条件:①个体理性:$\Phi_i(C) \leqslant C(\{i\})$,表示联盟中个人分配到的成本不大于单独行动时分配到的成本,即分配必须使每个人都能得到更多的好处,否则将有个体不愿参加联盟。②集体理性:$\sum_{i=1}^{n} \Phi_i(C) = C(N)$,表示分配给每个局中人的成本总和应当与联盟总成本相等。

### 4.2.2　基于内部风险的模糊夏普利值

局中人在合作中常常会面临许多不确定的风险因素。按照来源不同,风险可以划分为外部风险和内部风险两种。外部风险主要包括政治环境风险、经济环境风险、自然环境风险等,其中政治环境风险是指完全或部分由行使权力和政府组织的行为而产生的不确定性;经济环境风险是指在市场经济中,经济行为主体的预期收益与实际收益的偏差;自然环境风险是指企业由于其自身或影响其业务的其他方造成的自然环境破坏而承担损失的风险。内部风险主要包括组织风险、资金风险、信息风险、道德风险等,其中组织风险是指组织机构建立并启动以后,在运行过程中因为组织的决策、组织、协调和实施等行为失当及偏误所造成的经营风险;资金风险是指实际利率或实际回报率因通货膨胀(或气候)等其他因素造成的不确定性;信息风险是指由于信息不准确或不能及时到达接收方等而导致的管理人员的决策失误;道德风险是指参与合作的一方所面临的对方可能改变行为而损害到本方利益的风险。本文只考虑内部风险因素对成本分摊的影响,因为外部风险客观存在,局中人都将平均承担外部风险带来的影响。局中人对内部风险的评估值不同,参与合作的程度也将不同。风险越低,参与程度越高;风险越高,参与程度越低。

假定内部风险主要来自组织风险、资金风险、信息风险、道德风险等 4 种因素,那么局中人 $i$ 面临的内部风险因素 $j$ 构成的风险因素评判集 $\{a_{ij}\}$ 就可以表示为 $\{a_{i1},a_{i2},a_{i3},a_{i4}\}$ , $j=1,2,3,4$ 。局中人根据自身的判断对每个风险因素赋予相应的权重 $q_j$ ,且 $\sum\limits_{j=1}^{4} q_j = 1$ ,运用模糊加权评判法即可计算出局中人 $i$ 对每个内部风险因素的评判值 $r(i) = \sum\limits_{j=1}^{4} a_{ij}q_j$ 。根据风险评判值可以得出可靠值,即局中人 $i$ 的参与度 $S(i) = 1 - r(i)$ 。

令 $Q(S) = \{S(i) \mid S(i) > 0, i \in S\}$ , $q(S)$ 为 $Q(S)$ 中所含元素的个数,将 $Q(S)$ 中的元素按照单调非减的顺序排列为 $h_1 \leqslant h_2 \leqslant \cdots \leqslant h_{q(S)}$ 。此时成本函数 $C(s)$ 是一个模糊测度,可以通过 Choquet 积分[10] 表示为

$$C'(s) = \sum_{l=1}^{q(S)} C([S]_{h_l})(h_l - h_{l-1}) \tag{4.2}$$

其中, $l=1,2,\cdots,q(S)$ ; $h_0 = 0$ ; $[S]_{h_l} = \{S(i) \geqslant h_l, i \in S\}$ , $h_l \in [0,1]$ 表示参与水平 $S(i) \geqslant h_l$ 的所有局中人组成的清晰联盟[136] ; $C([S]_{h_l})$ 表示清晰联盟合作对策的成本函数。

容易得出 $C'(s) \geqslant C(s)$ ,两者的差值可以认为是内部风险带来的成本增加,且 $C'(s)$ 会随着参与水平 $S(i)$ 的增大而减少。当 $S(i) = 1$ 时,风险为 0, $C'(s) = C(s)$ ;当 $S(i) = 0$ 时,风险为 1,局中人更倾向于不参与合作。

模糊夏普利值可以改进为

$$\Phi'_i(C'(s)) = \sum_{l=1}^{q(S)} \Phi_i(C([S]_{h_l}))(h_l - h_{l-1}) \tag{4.3}$$

其中, $\Phi_i(C([S]_{h_l}))$ 表示清晰联盟合作对策的夏普利值。

### 4.2.3 模型假设

假设 1:选取流域相邻两地区作为研究对象,其中上游地区记为 $A$ ,下游地区记为 $B$ 。两地区排放的污染物主要来自生产用水部门(排放工业废水)和生活用水部门(排放生活污水),将以上用水部门分别记为 $A_1,A_2,B_1,B_2$ 。地区 $A$ 两部门的集合可以表示为 $A = \{A_1,A_2\}$ ,地区 $B$ 两部门的集合可以表示为

$B = \{B_1, B_2\}$。

假设 2：假设两地区用水部门的污染物排放量分别为 $e_{A_1}, e_{A_2}, e_{B_1}, e_{B_2}$；同时上游地区 $A$ 会将排放的污染物部分转移到下游地区 $B$，其中转移的排放量为 $e_{AB}$，转移给下游地区的比重为 $\delta$，则有

$$e_A = e_{A_1} + e_{A_2}, e_B = e_{B_1} + e_{B_2} \qquad (4.4)$$

$$e_{AB} = \delta(e_{A_1} + e_{A_2}) \qquad (4.5)$$

假设 3：假设各地区流域污染存量分别为 $k_A, k_B$，则有

$$k_A = e_{A_1} + e_{A_2} - e_{AB}, k_B = e_{B_1} + e_{B_2} + e_{AB} \qquad (4.6)$$

$$k_{AB} = e_{A_1} + e_{A_2} + e_{B_1} + e_{B_2} \qquad (4.7)$$

假定 4：上游地区 $A$ 向下游地区 $B$ 转移的污染物中一半来自地区 $A$ 的生产用水部门 $A_1$，另一半来自地区 $A$ 的生活用水部门 $A_2$；下游地区 $B$ 接收的转移污染物的一半转移到地区 $B$ 的生产用水部门 $B_1$，另一半则转移到地区 $B$ 的生活用水部门 $B_2$。

假定 5：两地区用水部门参与到水污染联合治理中共同承担合作成本，设其为 $C$，可表示为

$$C = c_{AB} k_{AB} \qquad (4.8)$$

其中，$c_{AB}$ 表示每单位污染物存量产生的治理成本。

### 4.2.4 成本分摊方法

(1)$A$ 地区两用水部门与 $B$ 地区的合作

为了解决两地区用水部门参与水污染联合治理产生的成本分摊问题，首先需要计算出当下游地区 $B$ 的两个用水部门都愿意合作的情形下，上游地区 $A$ 的两个用水部门参与和不参与情形下的各种合作组合的成本(表4.1)。

表4.1 $A$ 地区两用水部门与 $B$ 地区合作的成本组合

| $\gamma$ | $s$ | $s \backslash \{i\}$ | $C(s)$ | $C(s \backslash \{i\})$ |
|---|---|---|---|---|
| 1/3 | $\{A_1\}$ | 0 | $c_{A_1} e_{A_1} - \frac{1}{2} c_{A_1} e_{AB}$ | 0 |
| 1/3 | $\{A_2\}$ | 0 | $c_{A_2} e_{A_2} - \frac{1}{2} c_{A_2} e_{AB}$ | 0 |

续表

| $\gamma$ | $s$ | $s\backslash\{i\}$ | $C(s)$ | $C(s\backslash\{i\})$ |
|---|---|---|---|---|
| 1/3 | $\{B\}$ | 0 | $c_B e_B + c_B e_{AB}$ | 0 |
| 1/6 | $\{A_1, A_2\}$ | $\{A_2\}$ | $c_A e_A - c_A e_{AB}$ | $c_{A_2} e_{A_2} - \frac{1}{2} c_{A_2} e_{AB}$ |
| 1/6 | $\{A_1, A_2\}$ | $\{A_1\}$ | $c_A e_A - c_A e_{AB}$ | $c_{A_1} e_{A_1} - \frac{1}{2} c_{A_1} e_{AB}$ |
| 1/6 | $\{A_1, B\}$ | $\{B\}$ | $c_{A_1 B} e_{A_1} - \frac{1}{2} c_{A_1 B} e_{AB} + c_{A_1 B} e_B + c_{A_1 B} e_{AB}$ | $c_B e_B + c_B e_{AB}$ |
| 1/6 | $\{A_1, B\}$ | $\{A_1\}$ | $c_{A_1 B} e_{A_1} - \frac{1}{2} c_{A_1 B} e_{AB} + c_{A_1 B} e_B + c_{A_1 B} e_{AB}$ | $c_{A_1} e_{A_1} - \frac{1}{2} c_{A_1} e_{AB}$ |
| 1/6 | $\{A_2, B\}$ | $\{B\}$ | $c_{A_2 B} e_{A_2} - \frac{1}{2} c_{A_2 B} e_{AB} + c_{A_2 B} e_B + c_{A_2 B} e_{AB}$ | $c_B e_B + c_B e_{AB}$ |
| 1/6 | $\{A_2, B\}$ | $\{A_2\}$ | $c_{A_2 B} e_{A_2} - \frac{1}{2} c_{A_2 B} e_{AB} + c_{A_2 B} e_B + c_{A_2 B} e_{AB}$ | $c_{A_2} e_{A_2} - \frac{1}{2} c_{A_2} e_{AB}$ |
| 1/3 | $\{A_1, A_2, B\}$ | $\{A_2, B\}$ | $c_{AB} e_A + c_{AB} e_B$ | $c_{A_2 B} e_{A_2} - \frac{1}{2} c_{A_2 B} e_{AB} + c_{A_2 B} e_B + c_{A_2 B} e_{AB}$ |
| 1/3 | $\{A_1, A_2, B\}$ | $\{A_1, B\}$ | $c_{AB} e_A + c_{AB} e_B$ | $c_{A_1 B} e_{A_1} - \frac{1}{2} c_{A_1 B} e_{AB} + c_{A_1 B} e_B + c_{A_1 B} e_{AB}$ |
| 1/3 | $\{A_1, A_2, B\}$ | $\{A_1, A_2\}$ | $c_{AB} e_A + c_{AB} e_B$ | $c_A e_A - c_A e_{AB}$ |

根据式(4.1)给出的夏普利值可以计算出 $A$ 地区两用水部门和 $B$ 地区开展水污染治理合作需要分摊的成本,即

$$\Phi_{A_1}[C(s)] = \frac{1}{3}\left(c_{A_1} e_{A_1} - \frac{1}{2} c_{A_1} e_{AB}\right) +$$

$$\frac{1}{6}\left[\left(c_A e_A - c_A e_{AB}\right) - \left(c_{A_2} e_{A_2} - \frac{1}{2} c_{A_2} e_{AB}\right)\right] +$$

$$\frac{1}{6}\left[\left(c_{A_1 B} e_{A_1} - \frac{1}{2} c_{A_1 B} e_{AB} + c_{A_1 B} e_B + c_{A_1 B} e_{AB}\right) - \left(c_B e_B + c_B e_{AB}\right)\right] +$$

$$\frac{1}{3}\left[\left(c_{AB} e_A + c_{AB} e_B\right) - \left(c_{A_2 B} e_{A_2} - \frac{1}{2} c_{A_2 B} e_{AB} + c_{A_2 B} e_B + c_{A_2 B} e_{AB}\right)\right]$$

$$(4.9)$$

$$\Phi_{A_2}[C(s)] = \frac{1}{3}\left(c_{A_2} e_{A_2} - \frac{1}{2} c_{A_2} e_{AB}\right) +$$

$$\frac{1}{6}\left[\left(c_A e_A - c_A e_{AB}\right) - \left(c_{A_1} e_{A_1} - \frac{1}{2} c_{A_1} e_{AB}\right)\right] +$$

$$\frac{1}{6}\left[\left(c_{A_2B}e_{A_2}-\frac{1}{2}c_{A_2B}e_{AB}+c_{A_2B}e_B+c_{A_2B}e_{AB}\right)-\left(c_Be_B+c_Be_{AB}\right)\right]+$$

$$\frac{1}{3}\left[\left(c_{AB}e_A+c_{AB}e_B\right)-\left(c_{A_1B}e_{A_1}-\frac{1}{2}c_{A_1B}e_{AB}+c_{A_1B}e_B+c_{A_1B}e_{AB}\right)\right]$$

$$(4.10)$$

$$\varPhi_B\left[C(s)\right]=\frac{1}{3}\left(c_Be_B+c_Be_{AB}\right)+$$

$$\frac{1}{6}\left[\left(c_{A_1B}e_{A_1}-\frac{1}{2}c_{A_1B}e_{AB}+c_{A_1B}e_B+c_{A_1B}e_{AB}\right)-\left(c_{A_1}e_{A_1}-\frac{1}{2}c_{A_1}e_{AB}\right)\right]+$$

$$\frac{1}{6}\left[\left(c_{A_2B}e_{A_2}-\frac{1}{2}c_{A_2B}e_{AB}+c_{A_2B}e_B+c_{A_2B}e_{AB}\right)-\left(c_{A_2}e_{A_2}-\frac{1}{2}c_{A_2}e_{AB}\right)\right]+$$

$$\frac{1}{3}\left[\left(c_{AB}e_A+c_{AB}e_B\right)-\left(c_Ae_A-c_Ae_{AB}\right)\right]$$

$$(4.11)$$

（2）$B$ 地区两用水部门与 $A$ 地区的合作

接着需要计算出当上游地区 $A$ 的两个用水部门都愿意合作的情形下，下游地区 $B$ 的两个用水部门参与和不参与情形下的各种合作组合的成本（表 4.2）。

表 4.2  $B$ 地区两用水部门与 $A$ 地区合作的成本组合

| $\gamma$ | $s$ | $s\backslash\{i\}$ | $C(s)$ | $C(s\backslash\{i\})$ |
|---|---|---|---|---|
| 1/3 | $\{B_1\}$ | 0 | $c_{B_1}e_{B_1}+\frac{1}{2}c_{B_1}e_{AB}$ | 0 |
| 1/3 | $\{B_2\}$ | 0 | $c_{B_2}e_{B_2}+\frac{1}{2}c_{B_2}e_{AB}$ | 0 |
| 1/3 | $\{A\}$ | 0 | $c_Ae_A-c_Ae_{AB}$ | 0 |
| 1/6 | $\{B_1,B_2\}$ | $\{B_2\}$ | $c_Be_B+c_Be_{AB}$ | $c_{B_2}e_{B_2}+\frac{1}{2}c_{B_2}e_{AB}$ |
| 1/6 | $\{B_1,B_2\}$ | $\{B_1\}$ | $c_Be_B+c_Be_{AB}$ | $c_{B_1}e_{B_1}+\frac{1}{2}c_{B_1}e_{AB}$ |
| 1/6 | $\{B_1,A\}$ | $\{A\}$ | $c_{AB_1}e_A-c_{AB_1}e_{AB}+c_{AB_1}e_{B_1}+\frac{1}{2}c_{AB_1}e_{AB}$ | $c_Ae_A-c_Ae_{AB}$ |
| 1/6 | $\{B_1,A\}$ | $\{B_1\}$ | $c_{AB_1}e_A-c_{AB_1}e_{AB}+c_{AB_1}e_{B_1}+\frac{1}{2}c_{AB_1}e_{AB}$ | $c_{B_1}e_{B_1}+\frac{1}{2}c_{B_1}e_{AB}$ |

续表

| $\gamma$ | $s$ | $s\backslash\{i\}$ | $C(s)$ | $C(s\backslash\{i\})$ |
|---|---|---|---|---|
| 1/6 | $\{B_2,A\}$ | $\{A\}$ | $c_{AB_2}e_A - c_{AB_2}e_{AB} + c_{AB_2}e_{B_2} + \dfrac{1}{2}c_{AB_2}e_{AB}$ | $c_A e_A - c_A e_{AB}$ |
| 1/6 | $\{B_2,A\}$ | $\{B_2\}$ | $c_{AB_2}e_A - c_{AB_2}e_{AB} + c_{AB_2}e_{B_2} + \dfrac{1}{2}c_{AB_2}e_{AB}$ | $c_{B_2}e_{B_2} + \dfrac{1}{2}c_{B_2}e_{AB}$ |
| 1/3 | $\{B_1,B_2,A\}$ | $\{B_2,A\}$ | $c_{AB}e_A + c_{AB}e_B$ | $c_{AB_2}e_A - c_{AB_2}e_{AB} + c_{AB_2}e_{B_2} + \dfrac{1}{2}c_{AB_2}e_{AB}$ |
| 1/3 | $\{B_1,B_2,A\}$ | $\{B_1,A\}$ | $c_{AB}e_A + c_{AB}e_B$ | $c_{AB_1}e_A - c_{AB_1}e_{AB} + c_{AB_1}e_{B_1} + \dfrac{1}{2}c_{AB_1}e_{AB}$ |
| 1/3 | $\{B_1,B_2,A\}$ | $\{B_1,B_2\}$ | $c_{AB}e_A + c_{AB}e_B$ | $c_B e_B + c_B e_{AB}$ |

同理,可以计算 $B$ 地区两用水部门和 $A$ 地区开展水污染治理合作各自分摊的成本,即

$$
\begin{aligned}
\Phi_{B_1}[C(s)] = &\frac{1}{3}\left(c_{B_1}e_{B_1} + \frac{1}{2}c_{B_1}e_{AB}\right) + \\
&\frac{1}{6}\left[(c_B e_B + c_B e_{AB}) - \left(c_{B_2}e_{B_2} + \frac{1}{2}c_{B_2}e_{AB}\right)\right] + \\
&\frac{1}{6}\left[\left(c_{AB_1}e_A - c_{AB_1}e_{AB} + c_{AB_1}e_{B_1} + \frac{1}{2}c_{AB_1}e_{AB}\right) - (c_A e_A - c_A e_{AB})\right] + \\
&\frac{1}{3}\left[(c_{AB}e_A + c_{AB}e_B) - \left(c_{AB_2}e_A - c_{AB_2}e_{AB} + c_{AB_2}e_{B_2} + \frac{1}{2}c_{AB_2}e_{AB}\right)\right]
\end{aligned}
\tag{4.12}
$$

$$
\begin{aligned}
\Phi_{B_2}[C(s)] = &\frac{1}{3}\left(c_{B_2}e_{B_2} + \frac{1}{2}c_{B_2}e_{AB}\right) + \\
&\frac{1}{6}\left[(c_B e_B + c_B e_{AB}) - \left(c_{B_1}e_{B_1} + \frac{1}{2}c_{B_1}e_{AB}\right)\right] + \\
&\frac{1}{6}\left[\left(c_{AB_2}e_A - c_{AB_2}e_{AB} + c_{AB_2}e_{B_2} + \frac{1}{2}c_{AB_2}e_{AB}\right) - (c_A e_A - c_A e_{AB})\right] + \\
&\frac{1}{3}\left[(c_{AB}e_A + c_{AB}e_B) - \left(c_{AB_1}e_A - c_{AB_1}e_{AB} + c_{AB_1}e_{B_1} + \frac{1}{2}c_{AB_1}e_{AB}\right)\right]
\end{aligned}
\tag{4.13}
$$

$$\Phi_A[C(s)] = \frac{1}{3}(c_A e_A - c_A e_{AB}) +$$

$$\frac{1}{6}\left[\left(c_{AB_1}e_A - c_{AB_1}e_{AB} + c_{AB_1}e_{B_1} + \frac{1}{2}c_{AB_1}e_{AB}\right) - \left(c_{B_1}e_{B_1} + \frac{1}{2}c_{B_1}e_{AB}\right)\right] +$$

$$\frac{1}{6}\left[\left(c_{AB_2}e_A - c_{AB_2}e_{AB} + c_{AB_2}e_{B_2} + \frac{1}{2}c_{AB_2}e_{AB}\right) - \left(c_{B_2}e_{B_2} + \frac{1}{2}c_{B_2}e_{AB}\right)\right] +$$

$$\frac{1}{3}\left[(c_{AB}e_A + c_{AB}e_B) - (c_B e_B + c_B e_{AB})\right] \qquad (4.14)$$

根据各用水部门对内部风险因素评判值的大小,按照式(4.3)就可以计算出模糊夏普利值。

## 4.3 数值算例与分析

### 4.3.1 算例参数

假设算例中涉及的参数值如下:

两地区生产生活用水部门的污染排放量为

$$e_{A_1} = e_{A_2} = e_{B_1} = e_{B_2} = 10$$

两地区水污染治理的单位成本为

$$c_{A_1} = c_{A_2} = c_{B_1} = c_{B_2} = 0.3$$

$$c_A = c_B = 0.2$$

$$c_{A_1 B} = c_{A_2 B} = c_{AB_1} = c_{AB_2} = 0.2$$

$$c_{AB} = 0.2$$

上游地区转移给下游地区的水污染物的比重为

$$\delta = 0.4$$

风险因素的权重集为

$$\{q_1, q_2, q_3, q_4\} = \{0.2, 0.3, 0.3, 0.2\}$$

内部风险因素的评判值见表4.3。

表4.3　内部风险因素的评判值

| 部门 可靠值 风险因素 | 组织风险 $a_1$ | 资金风险 $a_2$ | 信息风险 $a_3$ | 道德风险 $a_4$ |
|---|---|---|---|---|
| $A_1$ | 0.25 | 0.30 | 0.20 | 0.30 |
| $A_2$ | 0.20 | 0.20 | 0.20 | 0.30 |
| $B_1$ | 0.15 | 0.15 | 0.15 | 0.15 |
| $B_2$ | 0.05 | 0.10 | 0.15 | 0.15 |

$A_1$ 的内部风险评判值 $r(A_1)=0.25\times0.20+0.30\times0.30+0.20\times0.30+0.30\times0.20=0.26$

$A_2$ 的内部风险评判值 $r(A_2)=0.20\times0.20+0.20\times0.30+0.20\times0.30+0.30\times0.20=0.22$

$B_1$ 的内部风险评判值 $r(B_1)=0.15\times0.20+0.15\times0.30+0.15\times0.30+0.15\times0.20=0.15$

$B_2$ 的内部风险评判值 $r(B_2)=0.05\times0.20+0.10\times0.30+0.15\times0.30+0.15\times0.20=0.115$

由此可得

$$S(A_1)=0.74, S(A_2)=0.78, S(B_1)=0.85, S(B_2)=0.885$$

## 4.3.2　算例分析

(1)A 地区两用水部门与 B 地区的合作

首先需要计算出在清晰联盟下 A 地区两用水部门与 B 地区各种合作组合的成本值：$C(\{A_1\})=2.4$，$C(\{A_2\})=2.4$，$C(\{B\})=4.8$，$C(\{A_1,A_2\})=3.2$，$C(\{A_1,B\})=6.4$，$C(\{A_2,B\})=6.4$，$C(\{A_1,A_2,B\})=8$。

接着计算清晰联盟下各局中人的夏普利值(表4.4)：

表4.4　清晰联盟下各局中人的夏普利值计算

| $\gamma$ | $C(s)$ | $C(s)-C(s\backslash\{A_1\})$ | $C(s)-C(s\backslash\{A_2\})$ | $C(s)-C(s\backslash\{B\})$ |
|---|---|---|---|---|
| 1/3 | $C(\{A_1\})=2.4$ | 2.4 | 0 | 0 |
| 1/3 | $C(\{A_2\})=2.4$ | 0 | 2.4 | 0 |
| 1/3 | $C(\{B\})=4.8$ | 0 | 0 | 4.8 |
| 1/6 | $C(\{A_1,A_2\})=3.2$ | 0.8 | 0.8 | 0 |
| 1/6 | $C(\{A_1,B\})=6.4$ | 1.6 | 0 | 4 |
| 1/6 | $C(\{A_2,B\})=6.4$ | 0 | 1.6 | 4 |
| 1/3 | $C(\{A_1,A_2,B\})=8$ | 1.6 | 1.6 | 4.8 |

$$\varPhi_{A_1}(C)=\frac{1}{3}\times 2.4+\frac{1}{6}\times 0.8+\frac{1}{6}\times 1.6+\frac{1}{3}\times 1.6=\frac{26}{15}\ (\approx 1.73)$$

$$\varPhi_{A_2}(C)=\frac{1}{3}\times 2.4+\frac{1}{6}\times 0.8+\frac{1}{6}\times 1.6+\frac{1}{3}\times 1.6=\frac{26}{15}\ (\approx 1.73)$$

$$\varPhi_{B}(C)=\frac{1}{3}\times 4.8+\frac{1}{6}\times 4+\frac{1}{6}\times 4+\frac{1}{3}\times 4.8=\frac{68}{15}\ (\approx 4.53)$$

然后利用式(4.2)可以计算出在参与度 $S=(0.74,0.78,1)$ 下的 $A$ 地区两用水部门与 $B$ 地区各种合作组合的成本值,即

$C(0.74,0,0)=C(\{A_1\})\times 0.74=2.4\times 0.74=1.776$

$C(0,0.78,0)=C(\{A_2\})\times 0.78=2.4\times 0.78=1.872$

$C(0,0,1)=C(\{B\})\times 1=4.8\times 1=4.8$

$C(0.74,0.78,0)=C(\{A_1,A_2\})\times 0.74+C(\{A_2\})\times 0.04=3.2\times 0.74+2.4\times$

$\qquad 0.04=2.464$

$C(0.74,0,1)=C(\{A_1,B\})\times 0.74+C(\{B\})\times 0.26=6.4\times 0.74+4.8\times 0.26$

$\qquad =5.984$

$C(0,0.78,1)=C(\{A_2,B\})\times 0.78+C(\{B\})\times 0.22=6.4\times 0.78+4.8\times 0.22$

$\qquad =6.048$

$C(0.74,0.78,1)=C(\{A_1,A_2,B\})\times 0.74+C(\{A_2,B\})\times 0.04+C(\{B\})\times$

$\qquad 0.22=8\times 0.74+6.4\times 0.04+4.8\times 0.22=7.232$

最后可以得到模糊联盟下的夏普利值为

$$\Phi'_{A_1}(C') = \Phi_{A_1}\big[C(\{A_1,A_2,B\})\big] \times 0.74 + \Phi_{A_1}\big[C(\{A_2,B\})\big] \times 0.04 +$$

$$\Phi_{A_1}\big[C(\{B\})\big] \times 0.22 = \frac{26}{15} \times 0.74 = 1.28$$

$$\Phi'_{A_2}(C') = \Phi_{A_2}\big[C(\{A_1,A_2,B\})\big] \times 0.74 + \Phi_{A_2}\big[C(\{A_2,B\})\big] \times 0.04 +$$

$$\Phi_{A_2}\big[C(\{B\})\big] \times 0.22 = \frac{26}{15} \times 0.74 + 2 \times 0.04 = 1.36$$

$$\Phi'_{B}(C') = \Phi_{B}\big[C(\{A_1,A_2,B\})\big] \times 0.74 + \Phi_{B}\big[C(\{A_2,B\})\big] \times 0.04 +$$

$$\Phi_{B}\big[C(\{B\})\big] \times 0.22 = \frac{68}{15} \times 0.74 + 4.4 \times 0.04 + 4.8 \times 0.22 = 4.59$$

通过夏普利值的计算可以得到,清晰联盟下 $A_1$ 需要承担的成本为 1.73, $A_2$ 需要承担的成本为 1.73, $B$ 需要承担的成本为 4.53,计算结果满足夏普利值要求的个体理性和集体理性两个基本条件,证明结果是有效的。在考虑存在内部风险的前提下,可以计算得到模糊联盟下 $A_1$ 需要承担的成本为 1.28, $A_2$ 需要承担的成本为 1.36, $B$ 需要承担的成本为 4.59。可见, $A$ 地区两用水部门因为考虑到风险因素存在,不是完全参与其中,所以愿意分摊的成本就降低, $B$ 地区需要承担的成本就相应提高。

(2) $B$ 地区两用水部门与 $A$ 地区的合作

首先需要计算出在清晰联盟下 $B$ 地区两用水部门与 $A$ 地区各种合作组合的成本值: $C(\{B_1\}) = 3.6$, $C(\{B_2\}) = 3.6$, $C(\{A\}) = 3.2$, $C(\{B_1,B_2\}) = 4.8$, $C(\{B_1,A\}) = 5.6$, $C(\{B_2,A\}) = 5.6$, $C(\{B_1,B_2,A\}) = 8$。

接着计算清晰联盟下各局中人的夏普利值(表4.5):

表4.5 清晰联盟下各局中人的夏普利值计算

| $\gamma$ | $C(s)$ | $C(s)-C(s\backslash\{B_1\})$ | $C(s)-C(s\backslash\{B_2\})$ | $C(s)-C(s\backslash\{A\})$ |
|---|---|---|---|---|
| 1/3 | $C(\{B_1\})=3.6$ | 3.6 | 0 | 0 |
| 1/3 | $C(\{B_2\})=3.6$ | 0 | 3.6 | 0 |
| 1/3 | $C(\{A\})=3.2$ | 0 | 0 | 3.2 |
| 1/6 | $C(\{B_1,B_2\})=4.8$ | 1.2 | 1.2 | 0 |
| 1/6 | $C(\{B_1,A\})=5.6$ | 2.4 | 0 | 2 |
| 1/6 | $C(\{B_2,A\})=5.6$ | 0 | 2.4 | 2 |
| 1/3 | $C(\{B_1,B_2,A\})=8$ | 2.4 | 2.4 | 3.2 |

$$\Phi_{B_1}(C) = \frac{1}{3} \times 3.6 + \frac{1}{6} \times 1.2 + \frac{1}{6} \times 2.4 + \frac{1}{3} \times 2.4 = 2.6$$

$$\Phi_{B_2}(C) = \frac{1}{3} \times 3.6 + \frac{1}{6} \times 1.2 + \frac{1}{6} \times 2.4 + \frac{1}{3} \times 2.4 = 2.6$$

$$\Phi_A(C) = \frac{1}{3} \times 3.2 + \frac{1}{6} \times 2 + \frac{1}{6} \times 2 + \frac{1}{3} \times 3.2 = 2.8$$

利用式(4.2)可以计算出在参与度 $S = (0.85, 0.885, 1)$ 下的 $B$ 地区两用水部门与 $A$ 地区各种合作组合的成本值,即

$C(0.85, 0, 0) = C(\{B_1\}) \times 0.85 = 3.6 \times 0.85 = 3.06$

$C(0, 0.885, 0) = C(\{B_2\}) \times 0.885 = 3.6 \times 0.885 = 3.186$

$C(0, 0, 1) = C(\{A\}) \times 1 = 3.2 \times 1 = 3.2$

$C(0.85, 0.885, 0) = C\{B_1, B_2\}) \times 0.85 + C(\{B_2\}) \times 0.035 = 4.8 \times 0.85 + 3.6 \times 0.035 = 4.206$

$C(0.85, 0, 1) = C(\{B_1, A\}) \times 0.85 + C(\{A\}) \times 0.15 = 5.6 \times 0.85 + 3.2 \times 0.15 = 5.24$

$C(0, 0.885, 1) = C(\{B_2, A\}) \times 0.885 + C(\{A\}) \times 0.115 = 5.6 \times 0.885 + 3.2 \times 0.115 = 5.324$

$C(0.85, 0.885, 1) = C(\{B_1, B_2, A\}) \times 0.85 + C(\{B_2, A\}) \times 0.035 + C(\{A\}) \times 0.115 = 8 \times 0.85 + 5.6 \times 0.035 + 3.2 \times 0.115 = 7.364$

模糊联盟下的夏普利值为

$\Phi'_{B_1}(C') = \Phi_{B_1}(C(B_1, B_2, A)) \times 0.85 + \Phi_{B_1}(C(B_2, A)) \times 0.035 + \Phi_{B_1}(C(A)) \times 0.115 = 2.6 \times 0.85 = 2.21$

$\Phi'_{B_2}(C') = \Phi_{B_2}(C(B_1, B_2, A)) \times 0.85 + \Phi_{B_2}(C(B_2, A)) \times 0.035 + \Phi_{B_2}(C(A)) \times 0.115 = 2.6 \times 0.85 + 3 \times 0.035 = 2.315$

$\Phi'_A(C') = \Phi_A(C(B_1, B_2, A)) \times 0.85 + \Phi_A(C(B_2, A)) \times 0.035 + \Phi_A(C(A)) \times 0.115 = 2.8 \times 0.85 + 2.6 \times 0.035 + 3.2 \times 0.115 = 2.839$

经过计算,清晰联盟下 $B_1$ 需要承担的成本为2.6, $B_2$ 需要承担的成本为2.6, $A$ 需要承担的成本为2.8,计算结果满足个体理性和集体理性两个基本条件,证明结果是有效的。在考虑存在内部风险的前提下,可以计算得到模糊联盟下 $B_1$ 需要承担的成本为2.21, $B_2$ 需要承担的成本为2.315, $A$ 需要承担的成本

为 2.839。$B$ 地区两用水部门愿意分摊的成本降低，$A$ 地区需要承担的成本就相应提高。

## 4.4　本章小结

本章提出基于内部风险的模糊夏普利值法，并将其运用在解决跨行政区流域水污染治理的成本分摊问题上。选取流域相邻两地区作为研究对象，将两地区排放污染物的生产用水部门和生活用水部门作为局中人，分别考虑当一地区两用水部门愿意合作并完全参与污染治理，另一地区两用水部门由于内部风险因素的存在而选择部分参与时，开展合作需要各自分摊的成本，最后通过算例计算进行论证。从研究方法上看，基于内部风险的模糊夏普利值法在传统夏普利值法的基础上进行了改进，考虑到了局中人参与联盟需要面对的风险因素，这使最后计算得到的分配结果更贴近现实；从运用领域来看，成本分摊问题是流域水污染治理迫切需要解决的难题之一，流域的跨区域性决定了要想各地区联合投入污染治理，就必须解决成本如何公平地在各参与主体间进行合理分摊的问题，模糊夏普利值法提供了一种切实可行的解决办法。

# 5 基于模糊参与度的动态夏普利值在流域水污染防治期望利润分配中的应用

## 5.1 概　述

  流域作为生态文明建设的基本单元,流域水资源保护和水环境改善是生态文明建设的重要内容。我国近30%的国土面积分布在十大流域内,涉及近千条大小不等的河流,横贯不同的行政区域。由于流域是一个整体性较强、关联度很高的完整的生态系统,流域内各地区之间的相互制约和相互影响极为显著,水污染治理只有各地区紧密合作才能够实现效益最大化。但合作过程中需要解决的一个突出问题是如何将地区治污过程中产生的期望利润在参与各方之间进行合理分配。合作博弈作为微观经济学研究的一个新兴重要分支,是解决这类问题的一种比较新的方法。当前合作博弈使用最多也相对成熟的解是夏普利值,它是根据联盟中各局中人给联盟带来的边际贡献进行合理分配的一种方案。但在实际问题中,由于内外环境复杂多变,科学技术不断进步,知识信息日益丰富,传统的夏普利值已经有了局限性,这促使学者们在该领域不断进行新的理论与方法的探索。奥宾(Aubin)首先在合作博弈中引入模糊联盟的概念,其产生的背景是在一些合作博弈中,某些局中人并非将其资源全部贡献给联盟,而只是以其资源的一部分,即以一定的参与率加入联盟[47-48]。Tsurumi 等[54]研究了具有模糊联盟的夏普利值,每个局中人将以一定的参与率加入联盟;Li 和 Zhang[137]引入了具有模糊联盟的夏普利值的一种简单表达式;孙红霞和张强[73]将经典合作博弈中的势函数和一致性推广到具有模糊联盟的合作博弈中,对具有模糊联盟的夏普利值进行了刻画;高璟和张强[77]针对现实环境中联盟组成的不确定性,研究了具有模糊联盟的合作对策求解问题。现实中的很多合作并不是重复同样性质的博弈,而是随环境进展的长期动态协商。如果合作博弈的局中人在某时间点的行动依赖于在他们之前的行动,那么该合作博弈便是一个动态合作博弈。Petrosjan 和 Zaccour[94]将夏普利值运用在解决连续时间下的流域污染治理;Hwang 等[138]提出一个动态过程实现可转移效用博弈的夏普利值求解;杨荣基和彼得罗相等[36]研究了动态夏普利值的求解,并将其运用在了三地基建合作中。从以上分析可以看出,国内外有关夏普利值的拓展研究主要还是集中在纯理论研究领域,对具有模糊联盟的静态夏普利值的研究较多,对动态夏普利值的研究相对较少,而将上述理论研究成果运用到具体领域的文章更是稀少。本章力图弥补此领域研究的空白,将模糊联盟与动态夏普利值结合起来研究,提出具有模糊参与度的动态夏普利值,并将其运用在流域水污染治理的期望利润分配上。

## 5.2　具有模糊参与度的动态夏普利值

### 5.2.1　动态夏普利值

将夏普利值由静态合作扩展到动态合作。在整个合作期间$[t_0, T]$,每个局中人都同意按照夏普利值分配联盟的合作收益。因此,在时间为$\tau$,状态为$x_N^{\tau^*}$时,局中人$i$分得的收益可以表示为[36]

$$v^{(\tau)i}(\tau, x_N^{\tau^*}) = \sum_{s \subseteq N} w(|s|)[V^{(\tau)s}(\tau, x_s^{\tau^*}) - V^{(\tau)s\backslash i}(\tau, x_{s\backslash i}^{\tau^*})],$$
$$i \in N \text{ 且 } \tau \in [t_0, T] \tag{5.1}$$

其中,$V^{(\tau)s}(\tau, x_s^{\tau^*}) - V^{(\tau)s\backslash i}(\tau, x_{s\backslash i}^{\tau^*})$为局中人$i$对联盟$s$的价值函数的边际贡献。为了让夏普利值在整个合作过程中都得到维持,需要建立一个得偿分配

程序（Payoff Distribution Procedure），它由协调转型补贴（Equilibrating Transitory Compensation）$P_i(\tau)$ 和最优终点支付 $q_i(x(T))$ 组成[1]。协调转型补贴 $P_i(\tau)$ 表示局中人 $i$ 在时间点 $\tau$ 从合作博弈得到的瞬时收益。为了达到帕累托最优，$P_i(\tau)$ 需要满足如下条件[36]，即

$$\sum_{i=1}^{n} P_i(\tau) = \sum_{i=1}^{n} g^i\left[\tau, x_N^{\tau^*}, \varphi_i^{(\tau)N^*}(\tau, x_N^{\tau^*})\right], \tau \in [t_0, T] \qquad (5.2)$$

式（5.2）表示在每一个时间点 $\tau$，所有局中人得到的收益总和都必须等于所有局中人在总联盟 $N$ 中采用最优合作策略时得到的瞬时收益的总和。其中 $\varphi_i^{(\tau)N^*}(\tau, x_N^{\tau^*})$ 表示在时间为 $\tau$、状态为 $x_N^{\tau^*}$ 时，局中人约定的合作控制。利用合作收益 $v^{(\tau)i}(\tau, x_N^{\tau^*})$ 的可微分特性，经过数学运算可得[36]

$$P_i(\tau) = -\sum_{s \subseteq N} w(|s|)\left\{ V_t^{(\tau)s}(\tau, x_s^{\tau^*}) - V_t^{(\tau)s\backslash i}(\tau, x_{s\backslash i}^{\tau^*}) + \right.$$
$$V_{x_s^{t^*}}^{(\tau)s}(\tau, x_s^{\tau^*}) f_s^N\left[\tau, x_N^{\tau^*}, \varphi_s^{(\tau)N}(\tau, x_N^{\tau^*})\right] -$$
$$\left. V_{x_{s\backslash i}^{t^*}}^{(\tau)s\backslash i}(\tau, x_{s\backslash i}^{\tau^*}) f_{s\backslash i}^N\left[\tau, x_N^{\tau^*}, \varphi_{s\backslash i}^{(\tau)N}(\tau, x_N^{\tau^*})\right]\right\} \qquad (5.3)$$

式（5.3）表示当所有局中人都采用根据当前时间和状态而定的最优策略时，每位局中人可以获得的瞬时收益将随着时间和状态的进展而转变，其中 $V_t^{(\tau)s}(\tau, x_s^{\tau^*}) - V_t^{(\tau)s\backslash i}(\tau, x_{s\backslash i}^{\tau^*})$ 表示时间的最优变化进展；$V_{x_s^{t^*}}^{(\tau)s}(\tau, x_s^{\tau^*}) f_s^N\left[\tau, x_N^{\tau^*}, \varphi_s^{(\tau)N}(\tau, x_N^{\tau^*})\right] - V_{x_{s\backslash i}^{t^*}}^{(\tau)s\backslash i}(\tau, x_{s\backslash i}^{\tau^*}) f_{s\backslash i}^N\left[\tau, x_N^{\tau^*}, \varphi_{s\backslash i}^{(\tau)N}(\tau, x_N^{\tau^*})\right]$ 表示状态的最优变化进展。

### 5.2.2 具有模糊参与度的动态夏普利值

具有模糊参与度的合作博弈首先由奥宾于 1974 年提出，其产生的背景是在一些合作博弈中，局中人并非态度鲜明地表示"参与"或者"不参与"，常常只是以一定的参与率（或称参与水平）加入联盟[139]。令 $s(i)$ 表示每个局中人 $i$ 对合作联盟 $s$ 的参与度，且 $s(i) \in [0, 1]$。对原有的合作收益 $V^{(\tau)s}(\tau, x_s^{\tau^*})$ 作以下改进[136]

---

① 为了简化研究，本章假定最优终点支付为 0。

$$V^{(\tau)s'}(\tau, x_s^{\tau^*}) = \sum_{i \in s} \frac{s(i)}{|s|} V^{(\tau)s}(\tau, x_s^{\tau^*}) \qquad (5.4)$$

且 $V^{(\tau)s'}(\tau, x_s^{\tau^*})$ 满足

$$\begin{cases} V'(\varphi) = 0 \\ V^{(\tau)s'}(\tau, x_s^{\tau^*}) \geqslant \sum_{i \in s} V^{(\tau)s}(\tau, x_s^{\tau^*}) \end{cases} \qquad (5.5)$$

通过改进合作博弈的价值函数,可以得到具有模糊参与度的动态夏普利值的计算公式,即

$$v^{(\tau)i'}(\tau, x_N^{\tau^*}) = \sum_{s \subseteq N} w(|s|) [V^{(\tau)s'}(\tau, x_s^{\tau^*}) - V^{(\tau)s' \backslash i}(\tau, x_{s \backslash i}^{\tau^*})],$$
$$i \in N \text{ 且 } \tau \in [t_0, T] \qquad (5.6)$$

协调转型补贴 $P_i'(\tau)$ 可以表示为

$$P_i'(\tau) = -\sum_{s \subseteq N} w(|s|) \{ V_t^{(\tau)s'}(\tau, x_s^{\tau^*}) - V_t^{(\tau)s' \backslash i}(\tau, x_{s \backslash i}^{\tau^*}) +$$
$$V_{x_s^{t^*}}^{(\tau)s'}(\tau, x_s^{\tau^*}) f_s^N[\tau, x_N^{\tau^*}, \varphi_s^{(\tau)N}(\tau, x_N^{\tau^*})] -$$
$$V_{x_{s \backslash i}^{t^*}}^{(\tau)s' \backslash i}(\tau, x_{s \backslash i}^{\tau^*}) f_{s \backslash i}^N[\tau, x_N^{\tau^*}, \varphi_{s \backslash i}^{(\tau)N}(\tau, x_N^{\tau^*})] \} \qquad (5.7)$$

## 5.3 夏普利值在流域水污染防治期望利润分配中的应用

### 5.3.1 基本假设

以流域相邻三地区为研究对象,记为局中人集合 $N = \{1, 2, 3\}$,其中局中人 1 代表上游地区,局中人 2 代表中游地区,局中人 3 代表下游地区。三地区形成的所有联盟可以划分为 3 类:①地区间不合作形成的单独联盟:$\{1\}$、$\{2\}$、$\{3\}$;②地区间两两合作形成的联盟:$\{1,2\}$、$\{1,3\}$、$\{2,3\}$;③三地区合作形成的全联盟:$\{1,2,3\}$。博弈持续期间集合记为 $\Gamma = [0, T]$。

假设 1:地区 $i$ 的工业生产量 $Q_i(t)$ 和污染排放量 $e_i(t)$ 之间成正向关系,地区 $i$ 通过工业生产获得的收益 $R_i(Q_i)$ 可以通过排放量 $e_i(t)$ 来表示,且是关于排

放量的逐渐增加的二次凹函数[140],即

$$R_i(Q_i(e_i(t))) = e_i(t)\left(b_i - \frac{1}{2}e_i(t)\right), 0 \leq e_i(t) \leq b_i \quad (5.8)$$

其中,$b_i$ 为给定参数,它表示收益达到最大值时排放量的取值。

假设2:地区 $i$ 投资环境项目的成本 $c_i$ 是关于投资额度 $h_i$ 的逐渐增加的二次凸函数[141],即

$$c_i(h_i) = \frac{1}{2}a_i h_i(t)^2 \qquad a_i > 0 \quad (5.9)$$

其中,$a_i$ 表示投资成本效率参数。

假设3:工业生产排放的污染物对流域水环境造成破坏带来的破坏成本 $d_i$ 取决于流域各地区的污染存量 $k$,即

$$d_i(k) = \pi_i k_i(t) \qquad \pi_i > 0 \quad (5.10)$$

其中,$\pi_i$ 为每单位污染存量对地区 $i$ 水环境的破坏程度。

假设4:地区 $i$ 通过投资环境项目可以减少污染物排放 $\mathrm{ERU}_i$(Emission Redution Units),它与投资额度 $h_i$ 成正比[141-142],即

$$\mathrm{ERU}_i(t) = \gamma_i h_i(t) \qquad \gamma_i > 0 \quad (5.11)$$

其中,$\gamma_i$ 表示投资规模参数。

假定5:各地区投资环境项目的总额不变。当地区间两两合作时,每个地区可以同时参与两个联盟(如地区1可以分别与地区2和地区3形成联盟),每个联盟中各地区的投资额应为投资总额的一半,各地区的污染排放量也为总量的一半。

### 5.3.2 模型构建

(1)地区间不合作

地区 $i$ 在时区 $[0,T]$ 获得期望利润的现值可以表示为

$$\max_{e_i, h_i} V_i = \int_0^T \left[ e_i(t)\left(b_i - \frac{1}{2}e_i(t)\right) - \frac{1}{2}a_i h_i(t)^2 - \pi_i k_i(t) \right] e^{-rt}\mathrm{d}t \quad (5.12)$$

其中,$k_i(t)$ 的变化取决于新增的污染物排放量、通过治理减少的污染物排放量和污染物的自然衰减等因素,用微分方程表示为

$$\dot{k_i}(t) = e_i(t) - \gamma_i h_i(t) - \delta_i k_i(t) \qquad (5.13)$$

其中,$\delta$ 表示各地区水域对污染物的自然吸收率（$0 < \delta < 1$）。

引用贝尔曼(Bellman)的动态规划[36][143],得到

$$-V_t^{(0)i}(t,k_i) = \max_{e_i,h_i} \left\{ \left[ e_i^{(0)*}(t)\left( b_i - \frac{1}{2}e_i^{(0)*}(t) \right) - \frac{1}{2}a_i h_i^{(0)*}(t)^2 - \pi_i k_i \right] e^{-rt} + \right.$$

$$\left. V_{k_i}^{(0)i}(t,k_i) \left[ e_i^{(0)*}(t) - \gamma_i h_i^{(0)*}(t) - \delta_i k_i \right] \right\} \qquad (5.14)$$

对式(5.14)进行最大化,便得

$$e_i^{(0)*}(t) = b_i + V_{k_i}^{(0)i}(t,k_i)e^{rt} \qquad h_i^{(0)*}(t) = -\frac{\gamma_i}{a_i}V_{k_i}^{(0)i}(t,k_i)e^{rt} \qquad (5.15)$$

地区 $i$ 在时区 $[0,T]$ 的利润函数为

$$V^{(0)i}(t,k_i) = e^{-rt}\left[ A_i(t)k_i + B_i(t) \right] \qquad (5.16)$$

将式(5.16)代入式(5.15),可得

$$e_i^{(0)*}(t) = b_i + A_i(t) \qquad h_i^{(0)*}(t) = -\frac{\gamma_i}{a_i}A_i(t) \qquad (5.17)$$

式(5.16)中 $A_i(t)$、$B_i(t)$ 必须满足动态系统

$$\dot{A_i}(t) = \pi_i + (r + \delta_i)A_i(t)$$

$$\dot{B_i}(t) = rB_i(t) - \left( \frac{\gamma_i^2}{2a_i} + \frac{1}{2} \right)A_i(t)^2 - b_i A_i(t) - \frac{1}{2}b_i^2 \qquad (5.18)$$

（2）地区间两两合作

地区间两两合作时,在时区 $[0,T]$ 获得期望利润的现值可表示为

$$\max_{e_i,e_j,h_i,h_j} V_{ij} = \int_0^T \left[ \frac{1}{2}e_i(t)\left( b_i - \frac{1}{4}e_i(t) \right) + \frac{1}{2}e_j(t)\left( b_j - \frac{1}{4}e_j(t) \right) - \right.$$

$$\left. \frac{1}{2}a_{ij}\left( \frac{1}{2}h_i(t) + \frac{1}{2}h_j(t) \right)^2 - \pi_{ij}k_{ij}(t) \right]e^{-rt}dt \qquad (5.19)$$

受制于动态系统

$$\dot{k_{ij}}(t) = \frac{1}{2}e_i(t) + \frac{1}{2}e_j(t) - \gamma_{ij}\left( \frac{1}{2}h_i(t) + \frac{1}{2}h_j(t) \right) - \delta_{ij}k_{ij}(t) \qquad (5.20)$$

引用贝尔曼方程,便得

$$- V_t^{(0)ij}(t, k_{ij}) = \max_{e_i, e_j, h_i, h_j} \left\{ \left[ \frac{1}{2} e_i^{(0)*}(t) \left( b_i - \frac{1}{4} e_i^{(0)*}(t) \right) + \right. \right.$$

$$\frac{1}{2} e_j^{(0)*}(t) \left( b_j - \frac{1}{4} e_j^{(0)*}(t) \right) -$$

$$\frac{1}{2} a_{ij} \left( \frac{1}{2} h_i^{(0)*}(t) + \frac{1}{2} h_j^{(0)*}(t) \right)^2 - \pi_{ij} k_{ij}(t) \right] e^{-rt} +$$

$$V_k^{(0)ij}(t, k_{ij}) \left[ \frac{1}{2} e_i^{(0)*}(t) + \frac{1}{2} e_j^{(0)*}(t) - \right.$$

$$\left. \gamma_{ij} \left( \frac{1}{2} h_i^{(0)*}(t) + \frac{1}{2} h_j^{(0)*}(t) \right) - \delta_{ij} k_{ij}(t) \right] \right\} \qquad (5.21)$$

对式(5.21)进行最大化,便得

$$e_i^{(0)*}(t) = 2b_i + 2V_k^{(0)ij}(t, k_{ij}) e^{rt}$$

$$e_j^{(0)*}(t) = 2b_j + 2V_k^{(0)ij}(t, k_{ij}) e^{rt}$$

$$\frac{1}{2} h_i^{(0)*}(t) + \frac{1}{2} h_j^{(0)*}(t) = - \frac{\gamma_{ij}}{a_{ij}} V_k^{(0)ij}(t, k_{ij}) e^{rt} \qquad (5.22)$$

两地区在时区 $[0, T]$ 的利润函数为

$$V^{(0)ij}(t, k_{ij}) = \left[ \frac{s(i) + s(j)}{|s|} \right] e^{-rt} \left[ A_{ij}(t) k_{ij} + B_{ij}(t) \right] \qquad (5.23)$$

式(5.23)中的 $A_{ij}(t)$、$B_{ij}(t)$ 必须满足动态系统

$$\dot{A}_{ij}(t) = \pi_{ij} + (r + \delta_{ij}) A_{ij}(t)$$

$$\dot{B}_{ij}(t) = r B_{ij}(t) - \left( \frac{\gamma_{ij}^2}{2a_{ij}} + 1 \right) A_{ij}(t)^2 - (b_i + b_j) A_{ij}(t) - \frac{1}{2} b_i^2 - \frac{1}{2} b_j^2 \quad (5.24)$$

将式(5.23)代入式(5.22),可得

$$e_i^{(0)*}(t) = 2b_i + 2A_{ij}(t)$$

$$e_j^{(0)*}(t) = 2b_j + 2A_{ij}(t)$$

$$\frac{1}{2} h_i^{(0)*}(t) + \frac{1}{2} h_j^{(0)*}(t) = - \frac{\gamma_{ij}}{a_{ij}} A_{ij}(t) \qquad (5.25)$$

(3)地区间合作

当三地区展开合作时,在时区 $[0, T]$ 获得期望利润的现值可以表示为

$$\max_{e_i, h_i} V = \int_0^T \left\{ \sum_{i=1}^n \left[ e_i(t) \left( b_i - \frac{1}{2} e_i(t) \right) \right] - \frac{1}{2} a \left[ \sum_{i=1}^n h_i(t) \right]^2 - \pi k(t) \right\} e^{-rt} \mathrm{d}t$$

$$(5.26)$$

受制于动态系统

$$\dot{k}(t) = \sum_{i=1}^{n} e_i(t) - \gamma \sum_{i=1}^{n} h_i(t) - \delta k(t) \tag{5.27}$$

引用贝尔曼方程,便得

$$- V_t^{(0)}(t,k) = \max_{e_i,h_i} \left\{ \left\{ \sum_{i=1}^{n} \left[ e_i^{(0)*}(t) \left( b_i - \frac{1}{2} e_i^{(0)*}(t) \right) \right] - \right. \right.$$

$$\frac{1}{2} a \left( \sum_{i=1}^{n} h_i^{(0)*}(t) \right)^2 - \pi k(t) \bigg\} e^{-rt} +$$

$$V_k^{(0)}(t,k) \left[ \sum_{i=1}^{n} e_i^{(0)*}(t) - \gamma \sum_{i=1}^{n} h_i^{(0)*}(t) - \delta k(t) \right] \bigg\} \tag{5.28}$$

对式(5.28)进行最大化,便得

$$e_i^{(0)*}(t) = b_i + V_k^{(0)}(t,k) e^{rt} \qquad \sum_{i=1}^{n} h_i^{(0)*}(t) = -\frac{\gamma}{a} V_k^{(0)}(t,k) e^{rt} \tag{5.29}$$

三地区在时区$[0,T]$的利润函数为

$$V^{(0)}(t,k) = \sum_{i \in s} \frac{s(i)}{|s|} e^{-rt} [A(t)k + B(t)] \tag{5.30}$$

式(5.30)中的$A(t)$、$B(t)$必须满足动态系统

$$\dot{A}(t) = \pi + (r + \delta) A(t)$$

$$\dot{B}(t) = rB(t) - \left( \frac{\gamma^2}{2a} + \frac{3}{2} \right) A(t)^2 - (b_1 + b_2 + b_3) A(t) - \frac{1}{2} b_1^2 - \frac{1}{2} b_2^2 - \frac{1}{2} b_3^2 \tag{5.31}$$

将式(5.30)代入式(5.29),可得

$$e_i^{(0)*}(t) = b_i + A(t) \qquad \sum_{i=1}^{n} h_i^{(0)*}(t) = -\frac{\gamma}{a} A(t) \tag{5.32}$$

### 5.3.3　数值算例

(1)算例参数

选取的三地区分别位于流域的不同地段,经济发展水平差异明显,环境治理投入也有所不同。本章在设置各项参数时充分考虑这点,尽可能做到符合地区

发展的实情。假设算例中涉及的参数值[144]如下：

$a_1 = 0.5, a_2 = 1, a_3 = 1.5, a_{12} = 1.5, a_{13} = 2, a_{23} = 2.5, a = 3$

$b_1 = 20, b_2 = 40, b_3 = 60$

$k_{11} = 20, k_{21} = 30, k_{31} = 40$

$h_1(1) = h_1(2) = h_1(3) = 10, h_2(1) = h_2(2) = h_2(3) = 20, h_3(1) = h_3(2) = h_3(3) = 30$

$e_1(1) = 20, e_1(2) = 30, e_1(3) = 40, e_2(1) = 30, e_2(2) = 40, e_2(3) = 50, e_3(1) = 40, e_3(2) = 50, e_3(3) = 60$

$A_1(1) = -6, B_1(1) = 20, A_2(1) = -8, B_2(1) = 30, A_3(1) = -10, B_3(1) = 40$

$A_{12}(1) = -14, B_{12}(1) = 50, A_{13}(1) = -16, B_{13}(1) = 60, A_{23}(1) = -18, B_{23}(1) = 70, A(1) = -24, B(1) = 90$

$\gamma_1 = 0.5, \gamma_2 = 1, \gamma_3 = 1.5, \gamma_{12} = 1.5, \gamma_{13} = 2, \gamma_{23} = 2.5, \gamma = 3$

$\pi_1 = 4, \pi_2 = 5, \pi_3 = 6, \pi_{12} = 9, \pi_{13} = 10, \pi_{23} = 11, \pi = 15$

$\delta_1 = \delta_2 = \delta_3 = \delta_{12} = \delta_{13} = \delta_{23} = \delta = 0.1$

$r = 0.05$

三地区在形成的所有联盟中的参与度如表5.1所示。

表5.1　三地区在形成的所有联盟中的参与度

| $s$ | {1} | {2} | {3} | {1,2} | {1,3} | {2,3} | {1,2,3} |
|---|---|---|---|---|---|---|---|
| $s(1)$ | 1 | 0 | 0 | 0.6 | 07 | 0 | 0.80 |
| $s(2)$ | 0 | 1 | 0 | 0.7 | 0 | 0.8 | 0.85 |
| $s(3)$ | 0 | 0 | 1 | 0 | 0.8 | 0.9 | 0.90 |

（2）计算结果

根据以上参数，可以分别计算出三地区在不同联盟下的主要参数值变化（见表5.2—表5.4）。

表5.2　地区间不合作下的参数值

| $t$ | 地区 1 | | | | | | 地区 2 | | | | | | 地区 3 | | | | | |
|---|---|---|---|---|---|---|---|---|---|---|---|---|---|---|---|---|---|---|
| | $k_{1\tau}^*$ | $\dot{k}_{1\tau}^*$ | $A_1(\tau)$ | $\dot{A}_1(\tau)$ | $B_1(\tau)$ | $\dot{B}_1(\tau)$ | $k_{2\tau}^*$ | $\dot{k}_{2\tau}^*$ | $A_2(\tau)$ | $\dot{A}_2(\tau)$ | $B_2(\tau)$ | $\dot{B}_2(\tau)$ | $k_{3\tau}^*$ | $\dot{k}_{3\tau}^*$ | $A_3(\tau)$ | $\dot{A}_3(\tau)$ | $B_3(\tau)$ | $\dot{B}_3(\tau)$ |
| 1 | 20 | 13 | −6.0 | 3.1 | 20.0 | −106.0 | 30 | 7 | −8.0 | 3.8 | 30 | −542.5 | 40 | −9 | −10.0 | 4.5 | 40 | −1 323.0 |

续表

| $t$ | 地区1 | | | | | | 地区2 | | | | | | 地区3 | | | | | |
|---|---|---|---|---|---|---|---|---|---|---|---|---|---|---|---|---|---|---|
| | $k_{1\tau}^*$ | $\dot{k}_{1\tau}^*$ | $A_1(\tau)$ | $\dot{A}_1(\tau)$ | $B_1(\tau)$ | $\dot{B}_1(\tau)$ | $k_{2\tau}^*$ | $\dot{k}_{2\tau}^*$ | $A_2(\tau)$ | $\dot{A}_2(\tau)$ | $B_2(\tau)$ | $\dot{B}_2(\tau)$ | $k_{3\tau}^*$ | $\dot{k}_{3\tau}^*$ | $A_3(\tau)$ | $\dot{A}_3(\tau)$ | $B_3(\tau)$ | $\dot{B}_3(\tau)$ |
| 2 | 33 | 22 | −2.9 | 3.6 | −86.0 | −152.6 | 37 | 16 | −4.2 | 4.4 | −512.5 | −675.3 | 31 | 2 | −5.5 | 5.2 | −1 283 | −1 572.0 |
| 3 | 55 | 30 | 0.7 | 4.1 | −238.6 | −226.3 | 53 | 25 | 0.2 | 5.0 | −1 187.8 | −867.4 | 33 | 12 | −0.3 | 6.0 | −2 855 | −1 924.9 |

表 5.3　地区间两两合作下的参数值

| $t$ | {1,2} | | | | | | {1,3} | | | | | | {2,3} | | | | | |
|---|---|---|---|---|---|---|---|---|---|---|---|---|---|---|---|---|---|---|
| | $k_{12\tau}^*$ | $\dot{k}_{12\tau}^*$ | $A_{12}(\tau)$ | $\dot{A}_{12}(\tau)$ | $B_{12}(\tau)$ | $\dot{B}_{12}(\tau)$ | $k_{13\tau}^*$ | $\dot{k}_{13\tau}^*$ | $A_{13}(\tau)$ | $\dot{A}_{13}(\tau)$ | $B_{13}(\tau)$ | $\dot{B}_{13}(\tau)$ | $k_{23\tau}^*$ | $\dot{k}_{23\tau}^*$ | $A_{23}(\tau)$ | $\dot{A}_{23}(\tau)$ | $B_{23}(\tau)$ | $\dot{B}_{23}(\tau)$ |
| 1 | 50 | −3 | −14.0 | 6.9 | 50.0 | −500.5 | 60 | −16 | −16.0 | 7.6 | 60.0 | −1 229.0 | 70 | −35 | −18.0 | 8.3 | 70.0 | −1 525.5 |
| 2 | 47 | 8 | −7.1 | 7.9 | −450.5 | −684.7 | 44 | −4 | −8.4 | 8.7 | −1 169.0 | −1 527.6 | 35 | −21 | −9.7 | 9.5 | −1 455.5 | −1 914.5 |
| 3 | 55 | 17 | 0.8 | 9.1 | −1 135.2 | −1 105.9 | 40 | 6 | 0.3 | 10.0 | −2 696.6 | −2 159.0 | 14 | −9 | −0.2 | 11.0 | −3 370.0 | −2 748.6 |

表 5.4　三地区合作下的参数值

| $t$ | $k_\tau^*$ | $\dot{k}_\tau^*$ | $A(t)$ | $\dot{A}(t)$ | $B(t)$ | $\dot{B}(t)$ |
|---|---|---|---|---|---|---|
| 1 | 90 | −99 | −24.0 | 11.4 | 90.0 | −1 643.5 |
| 2 | −9 | −59 | −12.6 | 13.1 | −1 553.5 | −1 842.0 |
| 3 | −68 | −23.2 | 0.5 | 15.1 | −3 395.5 | −3 030.5 |

由此可以首先计算出地区 1 在 $t=1$ 时刻分配到的期望利润(见表 5.5)。

表 5.5　地区 1 在 $t=1$ 的分配到的期望利润

| $s$ | {1} | {1,2} | {1,3} | {1,2,3} |
|---|---|---|---|---|
| $w(\mid s\mid)$ | 1/3 | 1/6 | 1/6 | 1/3 |
| $V_t^{(\tau)s'}(\tau,k_s^{\tau*})$ | −44 | −101.075 | −579.75 | −524.875 |
| $V_t^{(\tau)s\backslash i'}(\tau,k_{s\backslash i}^{\tau*})$ | 0 | −428.5 | −1 143 | −802.825 |
| $V_{k_s^{t*}}^{(\tau)s'}(\tau,k_s^{\tau*})f_s^N[\tau,k_N^{\tau*},\varphi_s^{(\tau)N}(\tau,k_N^{\tau*})]$ | −78 | 27.3 | 192 | 2 019.6 |
| $V_{k_{s\backslash i}^{t}}^{(\tau)s\backslash i'}(\tau,k_{s\backslash i}^{\tau*})f_{s\backslash i}^N[\tau,k_N^{\tau*},\varphi_{s\backslash i}^{(\tau)N}(\tau,k_N^{\tau*})]$ | 0 | −56 | 90 | 535.5 |

| $s$ | $\{1\}$ | $\{1,2\}$ | $\{1,3\}$ | $\{1,2,3\}$ |
|---|---|---|---|---|
| $-w(\mid s \mid)\{V_t^{(\tau)s'}(\tau,k_s^{\tau^*}) - V_t^{(\tau)s\backslash i}(\tau,k_{s\backslash i}^{\tau^*}) + V_{k_s^{t^*}}^{(\tau)s'}(\tau,k_s^{\tau^*})f_s^N[\tau,k_N^{\tau^*},\varphi_s^{(\tau)N}(\tau,k_N^{\tau^*})] - V_{k_{s\backslash i}^{t^*}}^{(\tau)s\backslash i}(\tau,k_{s\backslash i}^{\tau^*})f_{s\backslash i}^N[\tau,k_N^{\tau^*},\varphi_{s\backslash i}^{(\tau)N}(\tau,k_N^{\tau^*})]\}$ | $-40.7$ | $-68.45$ | $-110.88$ | $-587.35$ |
| $P_i'(\tau)$ | | | $-807.38$ | |

按照上述计算方法,可以完整求得三地区合作的期望利润分配(见表5.6)。

表5.6　三地区合作的期望利润分配

| 地　区 | $t = 1$ | $t = 2$ | $t = 3$ |
|---|---|---|---|
| 1 | $-807.38$ | $-245.23$ | $307.30$ |
| 2 | $-604.98$ | $242.21$ | $1\,059.04$ |
| 3 | $-163.74$ | $959.64$ | $2\,092.23$ |

从表5.6可以观察到三地区就流域水污染治理展开合作后按照夏普利值对获得效用进行分配的情况:地区1从最初的$-807.38$逐渐上升到307.3,地区2从最初的$-604.98$逐渐上升到1 059.04,地区3从最初的$-163.74$逐渐上升到2 092.23,地区1从第三期开始实现利润正增长,地区2和地区3从第二期开始实现利润正增长。

# 5.4　本章小结

随着我国经济社会的快速发展和人民生活水平的不断提高,水资源的需求量不断增加,伴随产生的是水资源短缺、水污染严重、水生态环境恶化等问题不断突出。如何采取有力举措,推进生态文明建设深入开展,建设人民满意的水环境体系,是摆在国人面前的迫切任务。作为生态文明建设重要内容的流域水环境问题,产生的内在原因是缺乏对流域水资源与水环境的综合管理。实现流域水污染治理的跨区域合作首先需要解决合作效用分配问题。本章首次提出将模糊联盟和动态夏普利值的研究结合起来运用在流域水污染治理期望利润分配上。一方面研究充分考虑到了现实中联盟组成的不确定性,即局中人不是完全参与某个联盟,而是以一定的参与水平参加联盟;另一方面研究又充分考虑到了水污染治理的长期动态特性,研究成果对流域水环境治理具有较大的现实指导意义。

# 6  基于内部风险的动态夏普利值在流域水污染防治期望利润分配中的应用

## 6.1  概  述

　　1944 年,冯·诺依曼与摩根斯坦合著的《博弈论与经济行为》一书正式提出合作博弈的概念,之后它被广泛运用在收益(成本)的分摊问题上。按照局中人参与合作的程度可以将合作博弈划分为完全合作博弈和不完全合作博弈。完全合作博弈是以局中人完全参与合作为研究对象。当前使用最多也相对成熟的夏普利值就是一种完全合作博弈的解的概念。Debing Ni 等[88]根据解决国际争端的两大主要原则即绝对领土主权原则(ATS)和无限领土完整原则(UTI),在夏普利值解的基础上提出局部责任法(LRS)和上游平均分摊法(UES)两种治污成本分摊方法。李维乾等[89]提出基于 DEA 合作博弈模型的流域生态补偿额分摊方案,利用梯形模糊数确定权重的方法对夏普利值进行改进,并应用于新安江流域。不完全合作博弈是以局中人不是完全参与合作,而是以某种程度参与合作为研究对象。奥宾于 1974 年首次提出的模糊合作博弈就是不完全合作博弈的一种。关于模糊合作博弈的研究主要集中在两个方面:一是仅参与度模糊的博弈,这类博弈中联盟是模糊集,收益是清晰的实数。Aubin[47]提出局中人是以不同的参与率(用一个[0,1]之间的模糊数来表示)参加到多个联盟中。二是仅具有模糊支付的博弈,这类博弈中联盟是清晰集,收益是模糊数。Butnariu[50]提出模糊夏普利值的解的概念,同时发现模糊夏普利值既不单调非减又不连续。Tsurumi 等[54]为了使其满足既单调非减又连续,构造了一个具有 Choquet 积分的模糊夏普利值。孙红霞和张强[73]运用势函数和一致性对模糊夏普利值进行了刻画。高璟和张强[77]就现实中组建联盟的不确定问题,研究了具有模糊联盟的合作对策求解问题。Armaghan 等[145]分别建立具有模糊联盟的合作博弈模型和具有模糊联盟值的合作博弈模型来解决流域内和跨流域的水资源分配问题。魏守科等[92]针对南水北调工程中水资源管理存在的利益冲突问题运用非合作与合作博弈进行模拟比较分析。前面提到的合作博弈主要是指静态合作博弈,而现实中的很多合作不是重复同样性质的博弈,因为重复地进行完全一样的博弈是非常罕见的。事实上,很多现实中的合作都是因应环境进展的长期动态协商。如果合作博弈中局中人在某时间点的行动依赖于在他之前的行动,那么该博弈就是一个动态合作博弈。Bilbao 等[61]提出了动态夏普利值的解的概念。Albrechta 等[62]将夏普利值分解技术运用在解决连续时间下的二氧化碳排放问题。Petrosjan 和 Zaccour[94]运用夏普利值解决连续时间下的流域水污染治理问题。Hwang 等[138]通过一个动态过程实现可转移效用博弈的夏普利值求解。杨荣基和彼得罗相[36]将动态夏普利值运用在三地基建合作中。

通过对现有文献的梳理可以发现,国内外学者关于合作博弈理论的研究其实不少,尤其是关于静态完全合作博弈的研究已经日趋成熟,但是运用合作博弈理论解决流域环境治理中的效用分配问题还是很有限,近年来主要采用的是模糊合作博弈和动态合作博弈两种研究方法。事实上两种研究视角并不是对立的,而是紧密联系的。流域水环境治理是一个长期过程,需要流域内各地区的积极参与,各地区作为局中人开展的合作应是长期动态协商的,而且诸多不确定的内外部风险因素直接影响着局中人的参与度。本章提出基于风险因素的模糊动态夏普利值的解的概念,并将其运用在目前亟待解决的流域水污染治理的效用分配问题上,希望可以找到一种行之有效的分配方法,让各地区在追求自身利益最大化的同时也促使全流域达到资源的有效配置,提高整个流域的社会福利水平。

# 6.2　模糊动态夏普利值

## 6.2.1　动态夏普利值

如果在合作期间 $[t_0, T]$，每个局中人都同意按照夏普利值分配联盟的合作效用，那么在时间点 $t$、状态 $x_N^{t^*}$ 时，局中人 $i$ 分得的合作效用可以表示为[36]

$$v^{(t_0)i}(t, x_N^{t^*}) = \sum_{s \subseteq N} w(|s|)[V^{(t_0)s}(t, x_s^{t^*}) - V^{(t_0)s\backslash i}(t, x_{s\backslash i}^{t^*})],$$
$$i \in N \text{ 且 } t \in [t_0, T] \tag{6.1}$$

在式（6.1）中，$v^{(t_0)i}(t, x_N^{t^*})$ 即为动态夏普利值，表示局中人 $i$ 在 $t_0$ 开始的原博弈中，在时间和状态分别为 $t$ 和 $x_N^{t^*}$ 时分得的合作效用的现值。其中，$s$ 表示一个包含局中人 $i$ 的非空联盟；$|s|$ 表示联盟 $s$ 中包含局中人的个数；$w(|s|) = \dfrac{(|s|-1)!(n-|s|)!}{n!}$ 表示联盟 $s$ 的加权因子；$V^{(t_0)s}(t, x_s^{t^*}) - V^{(t_0)s\backslash i}(t, x_{s\backslash i}^{t^*})$ 表示局中人 $i$ 对联盟 $s$ 的边际贡献。$v^{(t_0)i}(t, x_N^{t^*})$ 在整个合作期间都必须满足集体理性和个体理性，即

$$\sum_{i=1}^{n} v^{(t_0)i}(t, x_N^{t^*}) = V^{(t_0)N}(t, x_N^{t^*})$$
$$v^{(t_0)i}(t, x_N^{t^*}) \geqslant V^{(t_0)i}(t, x_N^{t^*}) \qquad i \in N \text{ 且 } t \in [t_0, T] \tag{6.2}$$

为了使在整个合作过程中的夏普利值都得到维持，实现合作各方都同意的分配方案，需要建立一个每时每刻分发支付的机制，即得偿分配程序。它由协调转型补贴 $P_i(t)$ 和最优终点支付向量 $q^i(x_i^*(T))$ 组成，其中 $P_i(t)$ 表示局中人 $i$ 在时间点 $t$ 从分配机制中分得的瞬时效用，$q^i(x_i^*(T))$ 表示局中人 $i$ 在结束时间点 $T$ 分得的终点效用。

为了达到帕累托最优，$P_i(t)$ 必须满足条件[36]

$$\sum_{i=1}^{n} P_i(t) = \sum_{i=1}^{n} g^i[t, x_N^{t^*}, \varphi_i^{(t_0)N^*}(t, x_N^{t^*})], t \in [t_0, T] \tag{6.3}$$

式(6.3)表示在时间点 $t$,所有局中人得到的协调转型补贴的总和必须等于所有局中人在大联盟 $N$ 中采用最优合作策略获得的瞬时效用的总和。其中 $\varphi_i^{(t_0)N^*}(t,x_N^{t^*})$ 表示在时间为 $t$,状态为 $x_N^{t^*}$ 时,局中人 $i$ 约定的最优合作控制。

合作效用 $v^{(t_0)i}(t,x_N^{t^*})$ 必须满足以下3个条件[15],即

$$v^{(t_0)i}(t_0,x_N^{t_0^*}) = \int_{t_0}^T P_i(t)\exp\left[-\int_{t_0}^t r(y)\mathrm{d}y\right]\mathrm{d}t + q^i(x_i^*(T))\exp\left[-\int_{t_0}^T r(y)\mathrm{d}y\right]$$

(6.4)

$$v^{(t_0)i}(t,x_N^{t^*}) = \int_t^T P_i(t)\exp\left[-\int_{t_0}^t r(y)\mathrm{d}y\right]\mathrm{d}t + q^i(x_i^*(T))\exp\left[-\int_{t_0}^T r(y)\mathrm{d}y\right]$$

(6.5)

$$v^{(t_0)i}(t,x_N^{t^*}) = v^{(t)i}(t,x_N^{t^*})\exp\left[-\int_{t_0}^t r(y)\mathrm{d}y\right]$$

(6.6)

式(6.4)表示局中人 $i$ 在合作期间 $[t_0,T]$ 的合作效用 $v^{(t_0)i}(t_0,x_N^{t_0^*})$ 必须等于其在期间 $[t_0,T]$ 获得的所有瞬时效用的现值,加上在时间点 $T$ 获得的终点效用的现值;式(6.5)表示沿着最优轨迹,局中人 $i$ 在合作期间 $[t,T]$ 的合作效用 $v^{(t_0)i}(t,x_N^{t^*})$ 必须等于其在期间 $[t,T]$ 获得的所有瞬时效用的现值,加上在时间点 $T$ 获得的终点效用的现值;式(6.6)表示沿着最优轨迹,在同一时间点和状态下,局中人 $i$ 在原博弈中的合作效用 $v^{(t_0)i}(t,x_N^{t^*})$ 必须等于在往后开始的博弈中进行相应贴现后的合作效用①。

利用合作效用 $v^{(t_0)i}(t,x_N^{t^*})$ 的可微分特性,经过数学运算可得[36]

$$P_i(t) = -\sum_{s\subseteq N} w(|s|)\{V_t^{(t)s}(t,x_s^{t^*}) - V_t^{(t)s\backslash i}(t,x_{s\backslash i}^{t^*}) +$$
$$V_{x_s^{t^*}}^{(t)s}(t,x_s^{t^*})f_s^N[t,x_N^{t^*},\varphi_s^{(t)N}(t,x_N^{t^*})] -$$
$$V_{x_{s\backslash i}^{t^*}}^{(t)s\backslash i}(t,x_{s\backslash i}^{t^*})f_{s\backslash i}^N[t,x_N^{t^*},\varphi_{s\backslash i}^{(t)N}(t,x_N^{t^*})]\}$$

(6.7)

式(6.7)表示当所有局中人都采用根据当前时间和状态而定的最优策略时,每位局中人可以获得的瞬时效用将随着时间和状态的进展而转变,其中 $V_t^{(t)s}(t,x_s^{t^*}) - V_t^{(t)s\backslash i}(t,x_{s\backslash i}^{t^*})$ 表示时间的最优变化进展;$V_{x_s^{t^*}}^{(t)s}(t,x_s^{t^*})$

_____

① 为了简化研究,本章假定最优终点支付向量为0。

$f_s^N[t,x_N^{t^*},\varphi_s^{(t)N}(t,x_N^{t^*})] - V_{x_{s\backslash i}^{t^*}}^{(t)s\backslash i}(t,x_{s\backslash i}^{t^*})f_{s\backslash i}^N[t,x_N^{t^*},\varphi_{s\backslash i}^{(t)N}(t,x_N^{t^*})]$ 表示状态的最优变化进展。

## 6.2.2　基于内部风险的模糊动态夏普利值

各地区作为局中人进行合作时常常面临诸多不确定的风险因素,主要包括外部风险和内部风险两类。其中外部风险主要来自政治风险、经济风险、自然环境风险等,内部风险主要来自组织风险、资金风险、信息风险、道德风险等。由于每个地区都会面临外部风险,并将平均承担风险带来的影响,因此本章只考虑内部风险的影响。各地区对内部风险的评估值不同,将直接影响参与环境项目投资的积极性。风险越低,参与积极性越高;风险越高,参与积极性越低。为了更加准确地评估风险对各地区参与流域水污染治理的影响,可以通过对每个风险因素发生的概率进行分析,同时赋予每个风险因素权重,利用模糊加权评判法求出风险评估值。首先用评判内部风险的因素构成评判因素集 $\{a_1,a_2,a_3,a_4\}$,其中 $a_1,a_2,a_3,a_4$ 分别表示组织风险、资金风险、信息风险、道德风险。组织风险表示组织机构建立并启动以后,在运行过程中因为组织的决策、组织、协调和实施等行为失当及偏误所造成的经营风险。资金风险表示地区在生产运营中如果存在占用大量资金,会使资金不能正常运转,造成项目投资中断。信息风险表示在共享信息的过程中,信息的不对称和严重的信息污染现象导致的信息不准确性、滞后性等不良后果。道德风险表示各地区为了自身利益,违背承诺,不遵守协议,在合作中虚报信息,逃避责任,严重威胁和影响正常运作。地区 $i$ 的内部风险评判因素集可以表示为 $\{a_{i1},a_{i2},a_{i3},a_{i4}\}$,其中 $a_{ij}$ 表示第 $i$ 个地区对风险因素 $j$ 的评判值。根据地区自身的判断标准,对内部风险因素给出相应的权重 $q_1,q_2,q_3,q_4$,且 $\sum_{j=1}^{4}q_j=1$,运用模糊加权评判法即可计算出地区 $i$ 对内部风险的评判值 $r(i)=\sum_{j=1}^{4}a_{ij}q_j$。根据风险评判值可以得出可靠值,即各地区的参与度 $s(i)=1-r(i)$,$[s]_{m_l}=\{i\in s\mid 0<s(i)\leqslant m_l\}$,$m_l\in[0,1]$ 表示参与水平 $0<s(i)\leqslant m_l$ 的所有局中人组成的清晰联盟[136]。

令 $Q(s) = \{s(i) \mid 0 < s(i) \leqslant 1, i \in s\}$，$q(s)$ 为 $Q(s)$ 中所含元素的个数，将 $Q(s)$ 中的元素按照单调非减的顺序排列为 $m_1 \leqslant m_2 \leqslant \cdots \leqslant m_{q(s)}$。此时效用函数 $V^{(t)s'}(t, x_s^{t^*})$ 是一个模糊测度，可以通过 Choquet 积分表示[136]为

$$V^{(t)s'}(t, x_s^{t^*}) = \sum_{l=1}^{q(s)} V^{(t)[s]_{m_l}}(t, x_{[s]_{m_l}}^{t^*})(m_l - m_{l-1}) \tag{6.8}$$

其中，$l = 1, 2, \cdots, q(s)$；$m_0 = 0$，$m_{q(s)+1} = 0$。

在动态夏普利值的基础上考虑风险因素的影响，夏普利值可以改进为

$$
\begin{aligned}
\upsilon^{(t)i'}(t, x_N^{t^*}) &= \sum_{l=1}^{q(N)} \upsilon^{(t)i}(t, x_{[N]_{m_l}}^{t^*})(m_l - m_{l-1}) = \\
&\sum_{s \subseteq N} w(\mid s \mid)[V^{(t)s'}(t, x_s^{t^*}) - V^{(t)s \backslash i'}(t, x_{s \backslash i}^{t^*})] \\
&i \in N, t \in [t_0, T]
\end{aligned} \tag{6.9}
$$

协调转型补贴 $P_i'(t)$ 可以表示为

$$
\begin{aligned}
P_i'(t) = &- \sum_{s \subseteq N} w(\mid s \mid)\{V_t^{(t)s'}(t, x_s^{t^*}) - V_t^{(t)s \backslash i'}(t, x_{s \backslash i}^{t^*}) + \\
&V_{x_s^{t^*}}^{(t)s'}(t, x_s^{t^*})f_s^N[t, x_N^{t^*}, \varphi_s^{(t)N}(t, x_N^{t^*})] - \\
&V_{x_{s \backslash i}^{t^*}}^{(t)s \backslash i'}(t, x_{s \backslash i}^{t^*})f_{s \backslash i}^N[t, x_N^{t^*}, \varphi_{s \backslash i}^{(t)N}(t, x_N^{t^*})]\}
\end{aligned} \tag{6.10}
$$

## 6.3　基本假设及模型构建

### 6.3.1　基本假设

假设1：以流域相邻三地区为研究对象，分别代表上、中、下游地区，令 $N = \{1, 2, 3\}$ 表示流域三地区的集合；令 $\Gamma = [0, T]$ 表示持续期间。

假设2：地区 $i$ 的工业生产量 $Q_i(t)$ 和污染排放量 $e_i(t)$ 成正比。企业开展工业生产可以获取收益 $R_i(Q_i)$，把它表示成关于排放量 $e_i(t)$ 的逐渐增加的二次凹函数[140]即为

$$R_i(Q_i(e_i(t))) = e_i(t)\left(b_i - \frac{1}{2}e_i(t)\right), 0 \leqslant e_i(t) \leqslant b_i \quad (6.11)$$

式(6.11)中,$b_i$ 为给定参数,表示收益达到最大值时排放量的取值。

假设3:地区 $i$ 投资环境项目的成本 $c_i$ 可以表示成关于投资额 $h_i$ 的逐渐增加的二次凸函数[141],即

$$c_i(h_i) = \frac{1}{2}a_i h_i(t)^2 \qquad a_i > 0 \quad (6.12)$$

式(6.12)中,$a_i$ 表示项目投资成本的效率参数。

假设4:地区 $i$ 通过投资环境项目可以减少排放污染物 $ERU_i$,且与投资额 $h_i$ 成正比[141-142],即

$$ERU_i(t) = \gamma_i h_i(t) \qquad \gamma_i > 0 \quad (6.13)$$

式(6.13)中,$\gamma_i$ 表示项目投资的规模参数。

假设5:污染给流域造成的破坏成本 $d_i$ 与污染存量 $k_i$ 成正比,即

$$d_i(k) = \pi_i k_i(t) \qquad \pi_i > 0 \quad (6.14)$$

式(6.14)中,$\pi_i$ 为每单位污染存量的破坏程度。

假定6:地区 $i$ 参与2个及以上联盟时投资环境项目的总额不变,它将平均分配在每个联盟中的投资额,并产生相等的污染排放量。

## 6.3.2 模型构建

首先考虑三地区单独行动的情况,在这种情况下,地区 $i$ 将独立参与本地区所在流域段的污染治理,地区 $i$ 在时区 $[0,T]$ 获得的期望效用的现值可以表示为

$$\max_{e_i,h_i} V_i = \int_0^T \left[e_i(t)\left(b_i - \frac{1}{2}e_i(t)\right) - \frac{1}{2}a_i h_i(t)^2 - \pi_i k_i(t)\right]e^{-rt}dt \quad (6.15)$$

其中,$k_i(t)$ 的变化由新增的污染物排放量、通过治理减少的污染物排放量和污染物的自然衰减等因素共同决定,用微分方程表示为

$$\dot{k_i}(t) = e_i(t) - \gamma_i h_i(t) - \delta_i k_i(t) \qquad 0 < \delta < 1 \quad (6.16)$$

其中,$\delta$ 表示地区 $i$ 水域对污染物的自然吸收率。引用贝尔曼的动态规划[36,143],得到

$$-V_t^{(0)i}(t,k_i) = \max_{e_i,h_i}\left\{\left[e_i^{(0)*}(t)\left(b_i - \frac{1}{2}e_i^{(0)*}(t)\right) - \frac{1}{2}a_ih_i^{(0)*}(t)^2 - \pi_ik_i\right]e^{-rt} + \right.$$

$$\left. V_{k_i}^{(0)i}(t,k_i)\left[e_i^{(0)*}(t) - \gamma_ih_i^{(0)*}(t) - \delta_ik_i\right]\right\} \tag{6.17}$$

对式(6.17)进行最大化,便得

$$e_i^{(0)*}(t) = b_i + V_{k_i}^{(0)i}(t,k_i)e^{rt}$$

$$h_i^{(0)*}(t) = -\frac{\gamma_i}{a_i}V_{k_i}^{(0)i}(t,k_i)e^{rt} \tag{6.18}$$

地区 $i$ 在时区 $[0,T]$ 的效用函数为

$$V^{(0)i}(t,k_i) = \sum_{l=1}^{q(s)}e^{-rt}\left[A_i(t)k_i + B_i(t)\right](m_l - m_{l-1}) \tag{6.19}$$

式(6.19)中的 $A_i(t)$、$B_i(t)$ 必须满足动态系统

$$\sum_{l=1}^{q(s)}\dot{A}_i(t)(m_l - m_{l-1}) = \pi_i + (r + \delta_i)\sum_{l=1}^{q(s)}A_i(t)(m_l - m_{l-1})$$

$$\sum_{l=1}^{q(s)}\dot{B}_i(t)(m_l - m_{l-1}) = r\sum_{l=1}^{q(s)}B_i(t)(m_l - m_{l-1}) -$$

$$\left(\frac{\gamma_i^2}{2a_i} + \frac{1}{2}\right)\left[\sum_{l=1}^{q(s)}A_i(t)(m_l - m_{l-1})\right]^2 - b_i\sum_{l=1}^{q(s)}A_i(t)(m_l - m_{l-1}) - \frac{1}{2}b_i^2$$

$$\tag{6.20}$$

将式(6.19)代入式(6.18),可得

$$e_i^{(0)*}(t) = b_i + \sum_{l=1}^{q(s)}A_i(t)(m_l - m_{l-1})$$

$$h_i^{(0)*}(t) = -\frac{\gamma_i}{a_i}\sum_{l=1}^{q(s)}A_i(t)(m_l - m_{l-1}) \tag{6.21}$$

考虑地区两两合作的情况,期望效用的现值可表示为

$$\max_{e_i,e_j,h_i,h_j}V_{ij} = \int_0^T\left[\frac{1}{2}e_i(t)\left(b_i - \frac{1}{4}e_i(t)\right) + \frac{1}{2}e_j(t)\left(b_j - \frac{1}{4}e_j(t)\right) - \right.$$

$$\left. \frac{1}{2}a_{ij}\left(\frac{1}{2}h_i(t) + \frac{1}{2}h_j(t)\right)^2 - \pi_{ij}k_{ij}(t)\right]e^{-rt}\mathrm{d}t \tag{6.22}$$

受制于动态系统

$$\dot{k}_{ij}(t) = \frac{1}{2}e_i(t) + \frac{1}{2}e_j(t) - \gamma_{ij}\left(\frac{1}{2}h_i(t) + \frac{1}{2}h_j(t)\right) - \delta_{ij}k_{ij}(t) \tag{6.23}$$

两地区在时区$[0,T]$的效用函数为

$$V^{(0)ij}(t,k_{ij}) = \sum_{l=1}^{q(s)} e^{-rt}[A_{ij}(t)k_{ij} + B_{ij}(t)](m_l - m_{l-1}) \qquad (6.24)$$

式$(6.24)$中的$A_{ij}(t)$、$B_{ij}(t)$通过计算可得到它们所依赖的动态系统,即

$$\sum_{l=1}^{q(s)} \dot{A}_{ij}(t)(m_l - m_{l-1}) = \pi_{ij} + (r + \delta_{ij}) \sum_{l=1}^{q(s)} A_{ij}(t)(m_l - m_{l-1})$$

$$\sum_{l=1}^{q(s)} \dot{B}_{ij}(t)(m_l - m_{l-1}) = r \sum_{l=1}^{q(s)} B_{ij}(t)(m_l - m_{l-1}) -$$

$$\left(\frac{\gamma_{ij}^2}{2a_{ij}} + 1\right) \left[\sum_{l=1}^{q(s)} A_{ij}(t)(m_l - m_{l-1})\right]^2 -$$

$$(b_i + b_j) \sum_{l=1}^{q(s)} A_{ij}(t)(m_l - m_{l-1}) - \frac{1}{2}b_i^2 - \frac{1}{2}b_j^2 \qquad (6.25)$$

当三地区开展合作,在时区$[0,T]$的期望效用现值可以表示为

$$\max_{e_i,h_i} V = \int_0^T \left\{\sum_{i=1}^n \left[e_i(t)\left(b_i - \frac{1}{2}e_i(t)\right)\right] - \frac{1}{2}a\left[\sum_{i=1}^n h_i(t)\right]^2 - \pi k(t)\right\} e^{-rt}\mathrm{d}t$$

$$(6.26)$$

受制于动态系统

$$\dot{k}(t) = \sum_{i=1}^n e_i(t) - \gamma \sum_{i=1}^n h_i(t) - \delta k(t) \qquad (6.27)$$

三地区在时区$[0,T]$的效用函数为

$$V^{(0)}(t,k) = \sum_{l=1}^{q(s)} e^{-rt}[A(t)k + B(t)](m_l - m_{l-1}) \qquad (6.28)$$

式$(6.28)$中的$A(t)$、$B(t)$必须满足动态系统

$$\sum_{l=1}^{q(s)} \dot{A}(t)(m_l - m_{l-1}) = \pi + (r + \delta) \sum_{l=1}^{q(s)} A(t)(m_l - m_{l-1})$$

$$\sum_{l=1}^{q(s)} \dot{B}(t)(m_l - m_{l-1}) = r \sum_{l=1}^{q(s)} B(t)(m_l - m_{l-1}) -$$

$$\left(\frac{\gamma^2}{2a} + \frac{3}{2}\right) \left[\sum_{l=1}^{q(s)} A(t)(m_l - m_{l-1})\right]^2 -$$

$$(b_1 + b_2 + b_3) \sum_{l=1}^{q(s)} A(t)(m_l - m_{l-1}) - \frac{1}{2}b_1^2 - \frac{1}{2}b_2^2 - \frac{1}{2}b_3^2 \qquad (6.29)$$

# 6.4 数值算例

## 6.4.1 算例参数

本章在设定参数时充分考虑了三地区代表的分别是流域的上、中、下游地区,它们经济发展水平差异明显,环境治理投入不同。假设算例中涉及的参数值[136,144]如下:

$a_1 = 0.5, a_2 = 1, a_3 = 1.5, a_{12} = 1.5, a_{13} = 2, a_{23} = 2.5, a = 3$

$b_1 = 20, b_2 = 40, b_3 = 60$

$k_{11} = 20, k_{21} = 30, k_{31} = 40$

$h_1(1) = h_1(2) = h_1(3) = 10, h_2(1) = h_2(2) = h_2(3) = 20, h_3(1) = h_3(2) = h_3(3) = 30$

$e_1(1) = 20, e_1(2) = 30, e_1(3) = 40, e_2(1) = 30, e_2(2) = 40, e_2(3) = 50, e_3(1) = 40, e_3(2) = 50, e_3(3) = 60$

$A_1(1) = -6, B_1(1) = 20, A_2(1) = -8, B_2(1) = 30, A_3(1) = -10, B_3(1) = 40$

$A_{12}(1) = -14, B_{12}(1) = 50, A_{13}(1) = -16, B_{13}(1) = 60, A_{23}(1) = -18, B_{23}(1) = 70, A(1) = -24, B(1) = 90$

$\gamma_1 = 0.5, \gamma_2 = 1, \gamma_3 = 1.5, \gamma_{12} = 1.5, \gamma_{13} = 2, \gamma_{23} = 2.5, \gamma = 3$

$\pi_1 = 4, \pi_2 = 5, \pi_3 = 6, \pi_{12} = 9, \pi_{13} = 10, \pi_{23} = 11, \pi = 15$

$\delta_1 = \delta_2 = \delta_3 = \delta_{12} = \delta_{13} = \delta_{23} = \delta = 0.1$

$r = 0.05$

$\{q_1, q_2, q_3, q_4\} = \{0.2, 0.3, 0.3, 0.2\}$

风险因素的评判值如表6.1所示。

表6.1　风险因素的评判值

| 地区 \ 评判值 \ 风险因素 | 组织风险 $a_1$ | 资金风险 $a_2$ | 信息风险 $a_3$ | 道德风险 $a_4$ |
|---|---|---|---|---|
| 1 | 0.20 | 0.30 | 0.20 | 0.20 |
| 2 | 0.10 | 0.20 | 0.10 | 0.10 |
| 3 | 0.05 | 0.10 | 0.10 | 0.05 |

地区1的内部风险评判值 $r(1) = 0.20 \times 0.20 + 0.30 \times 0.30 + 0.20 \times 0.30 + 0.20 \times 0.20 = 0.23$

地区2的内部风险评判值 $r(2) = 0.10 \times 0.20 + 0.20 \times 0.30 + 0.10 \times 0.30 + 0.10 \times 0.20 = 0.13$

地区3的内部风险评判值 $r(3) = 0.05 \times 0.20 + 0.10 \times 0.30 + 0.10 \times 0.30 + 0.05 \times 0.20 = 0.08$

由此可得

$$s(1) = 0.77, \quad s(2) = 0.87, \quad s(3) = 0.92 。$$

## 6.4.2　计算结果

根据以上参数,可以分别计算出三地区在不同联盟下的主要参数值变化(见表6.2—表6.4)。

表6.2　地区间不合作下的参数值

| $t$ | 地区1 | | | | | | 地区2 | | | | | | 地区3 | | | | | |
|---|---|---|---|---|---|---|---|---|---|---|---|---|---|---|---|---|---|---|
| | $k_{1t}^*$ | $\dot{k}_{1t}^*$ | $A_1(t)$ | $\dot{A}_1(t)$ | $B_1(t)$ | $\dot{B}_1(t)$ | $k_{2t}^*$ | $\dot{k}_{2t}^*$ | $A_2(t)$ | $\dot{A}_2(t)$ | $B_2(t)$ | $\dot{B}_2(t)$ | $k_{3t}^*$ | $\dot{k}_{3t}^*$ | $A_3(t)$ | $\dot{A}_3(t)$ | $B_3(t)$ | $\dot{B}_3(t)$ |
| 1 | 20 | 13 | −6.0 | 4.3 | 20.0 | −159.5 | 30 | 7 | −8.0 | 4.5 | 30.0 | −653.7 | 40 | −9 | −10.0 | 5.0 | 40.0 | −1 469.5 |
| 2 | 33 | 22 | −1.7 | 4.9 | −139.5 | −234.4 | 37 | 16 | −3.5 | 5.2 | −623.7 | −821.4 | 31 | 2 | −5.0 | 5.8 | −1 429.5 | −1 756.7 |
| 3 | 55 | 30 | 3.2 | 5.7 | −373.9 | −348.3 | 53 | 25 | 1.7 | 6.0 | −1 445.1 | −1 062.3 | 33 | 12 | 0.8 | 6.6 | −3 186.2 | −2 164.6 |

表6.3 地区间两两合作下的参数值

| t | {1,2} | | | | | | {1,3} | | | | | | {2,3} | | | | | |
|---|---|---|---|---|---|---|---|---|---|---|---|---|---|---|---|---|---|---|
| | $k_{12t}^*$ | $\dot{k}_{12t}^*$ | $A_{12}(t)$ | $\dot{A}_{12}(t)$ | $B_{12}(t)$ | $\dot{B}_{12}(t)$ | $k_{13t}^*$ | $\dot{k}_{13t}^*$ | $A_{13}(t)$ | $\dot{A}_{13}(t)$ | $B_{13}(t)$ | $\dot{B}_{13}(t)$ | $k_{23t}^*$ | $\dot{k}_{23t}^*$ | $A_{23}(t)$ | $\dot{A}_{23}(t)$ | $B_{23}(t)$ | $\dot{B}_{23}(t)$ |
| 1 | 50 | -3 | -14.0 | 8.8 | 50.0 | -589.3 | 60 | -16 | -16.0 | 9.3 | 60.0 | -1 368.0 | 70 | -35 | -18.0 | 9.6 | 70.0 | -1 718.3 |
| 2 | 47 | 8 | -5.2 | 10.2 | -539.3 | -1 206.0 | 44 | -4 | -6.7 | 10.7 | -1 308.0 | -1 811.3 | 35 | -21 | -8.4 | 11.0 | -1 648.3 | -2 253.1 |
| 3 | 55 | 17 | 5.0 | 11.7 | -1 745.3 | -2 477.2 | 40 | 6 | 4.0 | 12.3 | -3 119.3 | -2 721.8 | 14 | -9 | 2.6 | 12.7 | -3 901.4 | -3 346.6 |

表6.4 三地区合作下的参数值

| t | $k_t^*$ | $\dot{k}_t^*$ | $A(t)$ | $\dot{A}(t)$ | $B(t)$ | $\dot{B}(t)$ |
|---|---|---|---|---|---|---|
| 1 | 90.0 | -99.0 | -24.0 | 13.9 | 90.0 | -1 756.6 |
| 2 | -9.0 | -59.0 | -10.1 | 15.9 | -1 666.6 | -2 252.8 |
| 3 | -68.0 | -23.2 | 5.8 | 18.3 | -3 919.4 | -2 711.2 |

由此可以首先计算出地区 1 在 $t=1$ 时分配到的期望效用(见表6.5)。

表6.5 地区1在 $t=1$ 时分配到的期望效用

| s | {1} | {1,2} | {1,3} | {1,2,3} |
|---|---|---|---|---|
| $w(\mid s\mid)$ | 1/3 | 1/6 | 1/6 | 1/3 |
| $V_t^{(t)s'}(t,k_s^{t^*})$ | -56.595 | -166.831 | -814.125 | -557.417 |
| $V_t^{(t)s\backslash i'}(t,k_{s\backslash i}^{t^*})$ | 0 | -451.269 | -1 167.94 | -973.756 |
| $V_{k_s^{t^*}}^{(t)s'}(t,k_s^{t^*})f_s^N[t,k_N^{t^*},\varphi_s^{(t)N}(t,k_N^{t^*})]$ | -60.06 | 34.74 | 221.12 | 2 057.22 |
| $V_{k_{s\backslash i}^{t^*}}^{(t)s\backslash i'}(t,k_{s\backslash i}^{t^*})f_{s\backslash i}^N[t,k_N^{t^*},\varphi_{s\backslash i}^{(t)N}(t,k_N^{t^*})]$ | 0 | -48.72 | 82.8 | 565.6 |
| $-w(\mid s\mid)\{V_t^{(t)s'}(t,k_s^{t^*})-V_t^{(t)s\backslash i'}(t,k_{s\backslash i}^{t^*})+V_{k_s^{t^*}}^{(t)s'}(t,k_s^{t^*})f_s^N[t,k_N^{t^*},\varphi_s^{(t)N}(t,k_N^{t^*})]-V_{k_{s\backslash i}^{t^*}}^{(t)s\backslash i'}(t,k_{s\backslash i}^{t^*})f_{s\backslash i}^N[t,k_N^{t^*},\varphi_{s\backslash i}^{(t)N}(t,k_N^{t^*})]\}$ | 38.885 | -61.316 | -82.022 5 | -635.986 |
| $P_i'(t)$ | -740.439 5 | | | |

按照上述计算方法,可以完整求得三地区合作的期望效用分配(见表6.6)。

表 6.6 三地区合作的期望效用分配

| 地　区 | $t = 1$ | $t = 2$ | $t = 3$ |
|---|---|---|---|
| 1 | −740.439 5 | 16.649 | 385.255 4 |
| 2 | −641.198 | 422.381 | 1 156.982 |
| 3 | −118.165 5 | 1 148.314 5 | 2 028.366 4 |

表6.6 计算出了三地区就流域水污染治理展开合作后按照夏普利值对获得的期望效用进行分配的结果:地区 1 从最初的 −740.439 5 逐渐上升到 385.255 4,地区 2 从最初的−641.198 逐渐上升到 1 156.982,地区 3 从最初的 −118.165 5 逐渐上升到 2 028.366 4。

# 6.5　本章小结

本章提出基于内部风险的模糊动态夏普利值的解的概念,并将其运用在解决流域水污染治理中的效用分配问题上,选取流域上、中、下游三地区作为研究对象,构建水污染治理模型并运用夏普利值进行求解,最后用数值算例验证方法的有效性。从理论方法上来看,此方法既改变了传统夏普利值静态地研究效用分配的不足,又在动态夏普利值的基础上考虑到局中人参与联盟面对的风险因素,提出了采用模糊动态夏普利值,使得效用分配结果更接近实际。方法的运用为解决流域水污染治理面对的效用分配难题,提供了一种切实可行的解决办法:一方面它可以作为每个地区选择是否参与合作的衡量标准。如果某地区在联盟中分配到的效用还不如自己独立参与得到的效用,那么它就不会选择参与合作;反之,它会更加乐于参与合作。如果评估风险值小,地区参与度就高,并获得更多的期望效用;如果评估风险值大,地区参与度就降低,合作只会获得较少的效用。另一方面它也可以给政策制定部门一个很好的指导性意见参考。如果制定出的政策对参与的各地区不具有激励效果,地区参与积极性低,就可以对政策的可行性再进行分析研究,最大限度地增强参与地区间的沟通和信任,消除合作风险,促使合作真正实现。

# 7 跨行政区流域水污染防治 投资模式研究

## 7.1 概 述

随着城市化进程的加快,城市污水排放量与日俱增,90%以上的城市水域受到不同程度的污染,部分河道的污染已达到严重危害居民健康的程度,给国家经济和社会生活造成极大危害,水污染已经成为我国目前面临的最严重的环境问题之一。多年来,为了保持流域生态安全、保证流域水资源可持续利用,大多数河流的上游地区都投入了大量的人力、物力和财力进行生态建设和环境保护。而我国大多数河流的上游地区经济相对贫困、生态相对脆弱,很难独自承担建设和保护流域生态环境的重任[112,146]。近年来,流域各地区特别是下游的受益地区已经开始从自身发展和实际需要出发参与投资污染治理,这样面临的主要问题便是各地区采取何种模式投入污染治理最有效以及地区间合作治污的成本如何分摊。目前得到认可的研究方法主要有两种:一种是夏普利值法。其主要思想是每个参与人所应承担的成本或所应获得的收益等于该参与人对每一个他所参与的联盟的边际贡献的平均值。Petrosjan 和 Zaccour[94]运用此法计算了连续时间下流域各地区联合治污如何分摊成本。该方法的不足在于必须将各地区可能构成的所有联盟考虑在内,但在实际中,地区间有些联盟是不起作用的,或者说是不现实的,从而使该方法的应用受到限制。二是微分博弈法。对于任何一个博弈,如果博弈的其中一位参与者在某时间点的行动依赖于在他之前的行动,那么该博弈便是一个动态博弈;反之则为一个静态博弈。对于动态博弈,如果有两个或两个以上的阶段,就是离散动态博弈;如果每个阶段的时间差收窄至最小极限,那么博弈便成为一个时间不间断的动态博弈,又称为微分博弈。Jorgensen和Zaccour[95]研究了相邻两个地区为控制污染排放利用微分博弈模型计算污染治理后福利的分摊,并通过比较得出合作治理要明显优于不合作的结果。Jorgensen[96]以流域相邻三地区为研究对象,假定没有额外增加的污染,同时现有的污染物也不会被自然吸收,每个地区污染的减少就只有通过向其他地区排放来实现,在总的污染存量一定的条件下,从微分博弈的角度分析不合作和合作情形下的污染排放,得出只有通过内部转移支付机制展开有效的合作才能从根本上解决问题。微分博弈法目前被频繁使用在流域污染治理中,但它忽视了治理过程存在诸多不确定性因素的影响。因此,为了符合流域水污染治理的随机动态演变特点,本章提出运用随机微分博弈型,从流域水污染治理投资角度展开研究,分别建立自给自足型、异地单独投资型和合作型三种投资模式,通过贝尔曼方程进行求解,最后用数值算例对各种模式的治理成效进行比较,找到最有效的投资策略。

## 7.2 基本假设与变量设计

假设1:河流中的污染物主要包括有机污染物和无机污染物两种,由于无机污染物一般只随水进行迁移和简单的状态转化,因此假定流域污染物主要以有机污染物为主。

假设2:令 $Q_i(t)$ 表示地区 $i$ 在时间点 $t$ 的工业生产量,它将会产生污染排放量 $e_i(t)$,假定工业生产量和污染排放之间成正向关系,即可表示成 $Q_i = Q_i(e_i(t))$。地区 $i$ 通过工业生产将产生收益 $R_i(Q_i)$,因此收益函数可以通过排放量 $e_i(t)$ 来表示,且是关于排放量 $e_i(t)$ 的逐渐增加的二次凹函数[140],即

$$R_i(Q_i(e_i(t))) = e_i(t)\left(b_i - \frac{1}{2}e_i(t)\right), 0 \leq e_i(t) \leq b_i \qquad (7.1)$$

假设3：工业生产对流域环境造成了污染，必须要付出相应的成本代价。令 $D_i(s)$ 表示工业生产带来的破坏成本，它取决于流域内污染存量 $s$，即

$$D_i(s) = \pi_i s \qquad \pi > 0 \qquad (7.2)$$

其中，$\pi_i$ 为每单位污染存量对地区 $i$ 的破坏程度。

假设4：每个地区可以通过使用环保生产技术、兴建治污基础设施等多种环境项目投资方式来控制和减少污染排放，既可以在本地投资环境项目，也可以在异地投资环境项目。地区 $i$ 用于本地环境项目建设的投资成本和地区 $i$ 用于地区 $j$ 的环境项目建设的投资成本可以分别表示为[141]

$$C_{ii}(I_{ii}) = \frac{1}{2} a_i I_{ii}^2 \qquad a_i > 0$$

$$C_{ij}(I_{ij}) = \frac{1}{2} a_j \left[ (I_{jj} + I_{ij})^2 - I_{jj}^2 \right]$$

$$= \frac{1}{2} a_j I_{ij}(2I_{jj} + I_{ij}) \qquad a_j > 0, i \neq j \qquad (7.3)$$

假设5：每个地区通过投资污染治理将获得减排单位 $\mathrm{ERU}_i(t)$，假定减排单位与投资成正比[141-142]，则地区 $i$ 本地投资和异地投资获得的减排单位可以分别表示为

$$\mathrm{ERU}_{ii}(t) = \gamma_i I_{ii}(t) \qquad \gamma_i > 0$$
$$\mathrm{ERU}_{ij}(t) = \gamma_j I_{ij}(t) \qquad \gamma_j > 0 \qquad (7.4)$$

## 7.3 模型构建

根据投资模式的不同，流域水污染治理可以划分为自给自足型、异地单独投资型和合作型3种类型，下面以流域相邻两地区为研究对象（地区1代表上游地区，地区2代表下游地区），针对每种投资模式分别建立模型并进行求解。

### 7.3.1 自给自足型

在自给自足型中，每个地区都只愿意在本地投资环境项目治理本地区所

在河段的污染问题。用 $\Gamma_1(s_0, T-t_0)$ 来表示两地区之间的随机微分博弈，由于 $s(t)$ 依赖一些不确定的因素，因此它的进展变化取决于随机微分方程

$$\mathrm{d}s(t) = [e_1(t) + e_2(t) - \gamma_1 I_{11}(t) - \gamma_2 I_{22}(t) - \delta s(t)]\mathrm{d}t + \sigma s(t)\mathrm{d}z(t)$$

$$s(0) = s_0 \tag{7.5}$$

其中，$\delta$ 表示各地污染自然吸收率，$\sigma$ 表示噪声参数，$z(t)$ 表示维纳过程。在时间点 $t_0$，地区 1 和地区 2 的期望利润的现值可分别表示为

$$\max_{e_1, I_{11}} W_1 = E\left\{\int_{t_0}^T \left\{e_1\left(b_1 - \frac{1}{2}e_1\right) - \pi_1 s - \frac{1}{2}a_1 I_{11}^2\right\}e^{-r(t-t_0)}\mathrm{d}t - g^1[s(T) - \bar{s}_1]e^{-r(T-t_0)}\right\}$$

$$g^1 \geqslant 0, \bar{s}_1 \geqslant 0$$

$$\max_{e_2, I_{22}} W_2 = E\left\{\int_{t_0}^T \left\{e_2\left(b_2 - \frac{1}{2}e_2\right) - \pi_2 s - \frac{1}{2}a_2 I_{22}^2\right\}e^{-r(t-t_0)}\mathrm{d}t - g^2[s(T) - \bar{s}_2]e^{-r(T-t_0)}\right\}$$

$$g^2 \geqslant 0, \bar{s}_2 \geqslant 0 \tag{7.6}$$

其中，$e_i\left(b_i - \frac{1}{2}e_i\right) - \pi_i s - \frac{1}{2}a_i I_{ii}^2$ 表示在时间点 $t$ 地区 $i$ 获取的利润，给定一个随时间变化的贴现率 $r(t)$，地区 $i$ 在时间点 $t$ 所获需要根据贴现因子 $e^{-r(t-t_0)}$ 进行贴现。$g^i(s(T) - \bar{s_i})$ 表示在结束时间点 $T$ 地区 $i$ 将获得的终点利润。如果污染存量的终值水平高于地区 $i$ 的限定值 $s(T) - \bar{s_i} > 0$，地区 $i$ 将为此支付罚金 $g^i(s(T) - \bar{s_i}) > 0$；如果污染存量的终值水平低于地区 $i$ 的限定值 $s(T) - \bar{s_i} < 0$，地区将获得奖励 $g^i(s(T) - \bar{s_i}) < 0$。利用反馈纳什均衡解法对式(7.5)、式(7.6)求解如下[36,143]：

令 $\{[e_i^*(t), I_{ii}^*(t)] = [\varphi_i^{e^*}(t,s), \varphi_{ii}^{I^*}(t,s)]\}$ 为构成原博弈纳什均衡的一个反馈策略集合，当存在连续可微期望利润函数 $V^{(t_0)i} = (t,s) \times R_m \to R$ 时，满足方程

$$-V_t^{(t_0)1}(t,s) - \frac{1}{2}\sigma^2 s^2 V_{ss}^{(t_0)1}(t,s)$$

$$= \max_{e_1, I_{11}}\left\{\left[e_1(t)\left(b_1 - \frac{1}{2}e_1(t)\right) - \pi_1 s - \frac{1}{2}a_1 I_{11}(t)^2\right]e^{-r(t-t_0)} + \right.$$

$$\left. V_s^{(t_0)1}(t,s)[e_1(t) + \varphi_2^{e^*}(t,s) - \gamma_1 I_{11}(t) - \gamma_2 \varphi_{22}^{I^*}(t,s) - \delta s(t)]\right\}$$

$$- V_t^{(t_0)2}(t,s) - \frac{1}{2}\sigma^2 s^2 V_{ss}^{(t_0)2}(t,s)$$

$$= \max_{e_2, I_{22}} \left\{ \left[ e_2(t)\left( b_2 - \frac{1}{2}e_2(t)\right) - \pi_2 s - \frac{1}{2}a_2 I_{22}(t)^2 \right] e^{-r(t-t_0)} + \right.$$

$$\left. V_s^{(t_0)2}(t,s)\left[ \varphi_1^{e^*}(t,s) + e_2(t) - \gamma_1 \varphi_{11}^{I^*}(t,s) - \gamma_2 I_{22}(t) - \delta s(t) \right] \right\}$$

$$V^{(t_0)1}(T,s) = -g^1 \left[ s(T) - \bar{s}_1 \right] e^{-r(T-t_0)}$$

$$V^{(t_0)2}(T,s) = -g^2 \left[ s(T) - \bar{s}_2 \right] e^{-r(T-t_0)} \tag{7.7}$$

为使偏微分方程集合的第一、第二条方程式的右边进行最大化,便得出最大化条件为

$$\varphi_1^{e^*}(t,s) = b_1 + V_s^{(t_0)1}(t,s)e^{r(t-t_0)}$$

$$\varphi_{11}^{I^*}(t,s) = -\frac{\gamma_1}{a_1} V_s^{(t_0)1}(t,s)e^{r(t-t_0)}$$

$$\varphi_2^{e^*}(t,s) = b_2 + V_s^{(t_0)2}(t,s)e^{r(t-t_0)}$$

$$\varphi_{22}^{I^*}(t,s) = -\frac{\gamma_2}{a_2} V_s^{(t_0)2}(t,s)e^{r(t-t_0)} \tag{7.8}$$

将式(7.8)分别代入式(7.7)并解之,便得两地区的利润函数的现值为

$$V^{(t_0)1}(t,s) = e^{-r(t-t_0)}\left[ A_1(t)s + B_1(t) \right]$$

$$V^{(t_0)2}(t,s) = e^{-r(t-t_0)}\left[ A_2(t)s + B_2(t) \right] \tag{7.9}$$

式(7.9)中的 $A_1(t)$、$B_1(t)$、$A_2(t)$、$B_2(t)$ 必须满足以下动态系统和边际条件:

$$\dot{A}_1(t) = \pi_1 + (r+\delta)A_1(t) \qquad A_1(T) = -g^1$$

$$\dot{A}_2(t) = \pi_2 + (r+\delta)A_2(t) \qquad A_2(T) = -g^2$$

$$\dot{B}_1(t) = rB_1(t) - \frac{1}{2}b_1^2 - \left(\frac{1}{2} + \frac{\gamma_1^2}{2a_1}\right)A_1(t)^2 - A_1(t)(b_1+b_2) - A_1(t)A_2(t)\left(1 + \frac{\gamma_2^2}{a_2}\right)$$

$$\dot{B}_2(t) = rB_2(t) - \frac{1}{2}b_2^2 - \left(\frac{1}{2} + \frac{\gamma_2^2}{2a_2}\right)A_2(t)^2 - A_2(t)(b_1+b_2) - A_1(t)A_2(t)\left(1 + \frac{\gamma_1^2}{a_1}\right)$$

$$B_1(T) = g^1\bar{s}_1 \qquad B_2(T) = g^2\bar{s}_2 \tag{7.10}$$

将式(7.9)代入式(7.8)可得

$$\varphi_1^{e^*}(t,s) = b_1 + A_1(t)$$

$$\varphi_{11}^{I^*}(t,s) = -\frac{\gamma_1}{a_1}A_1(t)$$

$$\varphi_2^{e^*}(t,s) = b_2 + A_2(t)$$

$$\varphi_{22}^{I^*}(t,s) = -\frac{\gamma_2}{a_2}A_2(t) \tag{7.11}$$

令 $\varepsilon^{(\tau)i}(\tau,s_\tau)$ 为各地区在时间点 $\tau$ 获得的利润函数，$P_i(\tau,s_\tau)$ 为随机微分博弈中各地区在时间点 $\tau$ 获得的瞬时利润，可以由下式计算得到，即

$$P_1(\tau,s_\tau) = -\varepsilon_t^{(\tau)1}(\tau,s_\tau) - \frac{\sigma^2 s_\tau^2}{2}\varepsilon_{s_t s_t}^{(\tau)1}(\tau,s_\tau) -$$

$$\varepsilon_{s_t}^{(\tau)1}(\tau,s_\tau)\left[e_1(\tau) + e_2(\tau) - \gamma_1 I_{11}(\tau) - \gamma_2 I_{22}(\tau) - \delta s_\tau\right]$$

$$= -(\pi_1 + rA_1(\tau))s_\tau - rB_1(\tau) + \frac{1}{2}b_1^2 - \left(\frac{1}{2} + \frac{\gamma_1^2}{2a_1}\right)A_1(\tau)^2$$

$$P_2(\tau,s_\tau) = -\varepsilon_t^{(\tau)2}(\tau,s_\tau) - \frac{\sigma^2 s_\tau^2}{2}\varepsilon_{s_t s_t}^{(\tau)2}(\tau,s_\tau) -$$

$$\varepsilon_{s_t}^{(\tau)2}(\tau,s_\tau)\left[e_1(\tau) + e_2(\tau) - \gamma_1 I_{11}(\tau) - \gamma_2 I_{22}(\tau) - \delta s_\tau\right]$$

$$= -(\pi_2 + rA_2(\tau))s_\tau - rB_2(\tau) + \frac{1}{2}b_2^2 - \left(\frac{1}{2} + \frac{\gamma_2^2}{2a_2}\right)A_2(\tau)^2 \tag{7.12}$$

而在结束时间点 $T$，每地区都将得到终点利润 $-g^i[s(T) - \bar{s}_i]$。

## 7.3.2 异地单独投资型

在异地单独投资型中，下游地区可以在本地及上游地区同时实施环境项目。用 $\Gamma_2(s_0, T - t_0)$ 来表示该类型两地区之间的随机微分博弈，地区 1 仅在本地投资，地区 2 除在本地投资以外，还在地区 1 进行环境项目投资，则 $s(t)$ 的进展变化取决于随机微分方程

$$ds(t) = [e_1(t) + e_2(t) - \gamma_1 I_{11}(t) - \gamma_2 I_{22}(t) - \gamma_1 I_{21}(t) - \delta s(t)]dt +$$

$$\sigma s(t)dz(t), \ s(0) = s_0 \tag{7.13}$$

在时间点 $t_0$,地区 1 和地区 2 的期望利润的现值可分别表示为

$$\max_{e_1,I_{11}} W_1 = E\left\{\int_{t_0}^T \left\{e_1\left(b_1 - \frac{1}{2}e_1\right) - \pi_1 s - \frac{1}{2}a_1 I_{11}^2\right\}e^{-r(t-t_0)}\mathrm{d}t - \right.$$

$$\left. g^1\left[s(T) - \bar{s}_1\right]e^{-r(T-t_0)}\right\} \qquad g^1 \geqslant 0, \bar{s}_1 \geqslant 0$$

$$\max_{e_2,I_{21},I_{22}} W_2 = E\left\{\int_{t_0}^T \left\{e_2\left(b_2 - \frac{1}{2}e_2\right) - \pi_2 s - \frac{1}{2}a_2 I_{22}^2 - \frac{1}{2}a_1 I_{21}(2I_{11} + I_{21})\right\}\right.$$

$$\left. e^{-r(t-t_0)}\mathrm{d}t - g^2\left[s(T) - \bar{s}_2\right]e^{-r(T-t_0)}\right\} \qquad g^2 \geqslant 0, \bar{s}_2 \geqslant 0 \quad (7.14)$$

令 $\{[e_1^*(t), e_2^*(t), I_{11}^*(t), I_{21}^*(t), I_{22}^*(t)] = [\varphi_1^{e*}(t,s), \varphi_2^{e*}(t,s), \varphi_{11}^{I*}(t,s),$ $\varphi_{21}^{I*}(t,s), \varphi_{22}^{I*}(t,s)]\}$ 为构成原博弈纳什均衡的一个反馈策略集合,它满足以下方程

$$-V_t^{(t_0)1}(t,s) - \frac{1}{2}\sigma^2 s^2 V_{ss}^{(t_0)1}(t,s)$$

$$= \max_{e_1,I_{11}}\left\{\left[e_1(t)\left(b_1 - \frac{1}{2}e_1(t)\right) - \pi_1 s - \frac{1}{2}a_1 I_{11}(t)^2\right]e^{-r(t-t_0)} + V_s^{(t_0)1}(t,s) \times \right.$$

$$\left. \left[e_1(t) + \varphi_2^{e*}(t,s) - \gamma_1 I_{11}(t) - \gamma_2 \varphi_{22}^{I*}(t,s) - \gamma_1 \varphi_{21}^{I*}(t,s) - \delta s(t)\right]\right\} -$$

$$V_t^{(t_0)2}(t,s) - \frac{1}{2}\sigma^2 s^2 V_{ss}^{(t_0)2}(t,s)$$

$$= \max_{e_2,I_{21},I_{22}}\left\{\left[e_2\left(b_2 - \frac{1}{2}e_2\right) - \pi_2 s - \frac{1}{2}a_2 I_{22}^2 - \frac{1}{2}a_1 I_{21}(2\varphi_{11}^{I*}(t,s) + I_{21})\right] \times \right.$$

$$e^{-r(t-t_0)} + V_s^{(t_0)2}(t,s)\left[\varphi_1^{e*}(t,s) + e_2(t) - \gamma_1 \varphi_{11}^{I*}(t,s) - \gamma_2 I_{22}(t) - \right.$$

$$\left. \gamma_1 I_{21}(t) - \delta s(t)\right]\right\}$$

$$V^{(t_0)1}(T,s) = -g^1\left[s(T) - \bar{s}_1\right]e^{-r(T-t_0)}$$

$$V^{(t_0)2}(T,s) = -g^2\left[s(T) - \bar{s}_2\right]e^{-r(T-t_0)} \tag{7.15}$$

对式(7.15)进行最大化得

$$\varphi_1^{e*}(t,s) = b_1 + V_s^{(t_0)1}(t,s)e^{r(t-t_0)}$$

$$\varphi_{11}^{I*}(t,s) = -\frac{\gamma_1}{a_1}V_s^{(t_0)1}(t,s)e^{r(t-t_0)}$$

$$\varphi_2^{e*}(t,s) = b_2 + V_s^{(t_0)2}(t,s)e^{r(t-t_0)}$$

$$\varphi_{22}^{I^*}(t,s) = -\frac{\gamma_2}{a_2}V_s^{(t_0)2}(t,s)e^{r(t-t_0)}$$

$$\varphi_{21}^{I^*}(t,s) = -b_1 - V_s^{(t_0)1}(t,s)e^{r(t-t_0)} - \frac{\gamma_1}{a_1}V_s^{(t_0)2}(t,s)e^{r(t-t_0)} \qquad (7.16)$$

两地区的利润函数的现值分别为

$$V^{(t_0)1}(t,s) = e^{-r(t-t_0)}[A_1(t)s + B_1(t)]$$

$$V^{(t_0)2}(t,s) = e^{-r(t-t_0)}[A_2(t)s + B_2(t)] \qquad (7.17)$$

式(7.17)中的$A_1(t)$、$B_1(t)$、$A_2(t)$、$B_2(t)$必须满足以下动态系统和边际条件：

$$\dot{A}_1(t) = \pi_1 + (r+\delta)A_1(t) \qquad A_1(T) = -g^1$$

$$\dot{A}_2(t) = \pi_2 + (r+\delta)A_2(t) \qquad A_2(T) = -g^2$$

$$\dot{B}_1(t) = rB_1(t) - \frac{1}{2}b_1^2 - \left(\frac{1}{2} + \frac{\gamma_1^2}{2a_1} + \gamma_1\right)A_1(t)^2 - A_1(t)(\gamma_1 b_1 + b_1 + b_2) - A_1(t)A_2(t)\left(1 + \frac{\gamma_1^2}{a_1} + \frac{\gamma_2^2}{a_2}\right)$$

$$\dot{B}_2(t) = rB_2(t) - \frac{1}{2}a_1b_1^2 - \frac{1}{2}b_2^2 - (a_1b_1 + b_1\gamma_1)A_1(t) - (2b_1\gamma_1 + b_1 + b_2)A_2(t) - \left(\frac{1}{2}a_1 + \gamma_1\right)A_1(t)^2 - \left(\frac{1}{2} + \frac{3\gamma_1^2}{2a_1} + \frac{\gamma_2^2}{2a_2}\right)A_2(t)^2 - A_1(t)A_2(t)\times\left(1 + 2\gamma_1 + \frac{2\gamma_1^2}{a_1}\right)$$

$$B_1(T) = g^1\bar{s}_1 \qquad B_2(T) = g^2\bar{s}_2 \qquad (7.18)$$

将式(7.17)代入式(7.16)可得

$$\varphi_1^{e^*}(t,s) = b_1 + A_1(t)$$

$$\varphi_{11}^{I^*}(t,s) = -\frac{\gamma_1}{a_1}A_1(t)$$

$$\varphi_2^{e^*}(t,s) = b_2 + A_2(t)$$

$$\varphi_{22}^{I^*}(t,s) = -\frac{\gamma_2}{a_2}A_2(t)$$

$$\varphi_{21}^{I^*}(t,s) = -b_1 - A_1(t) - \frac{\gamma_1}{a_1}A_2(t) \qquad (7.19)$$

在时间点 $\tau$ 各地区获得的瞬时利润为

$$P_1(\tau, s_\tau) = -(\pi_1 + rA_1(\tau))s_\tau - rB_1(\tau) + \frac{1}{2}b_1^2 - \left(\frac{1}{2} + \frac{\gamma_1^2}{2a_1}\right)A_1(\tau)^2$$

$$P_2(\tau, s_\tau) = -(\pi_2 + rA_2(\tau))s_\tau - rB_2(\tau) + \frac{1}{2}a_1b_1^2 + \frac{1}{2}b_2^2 + (a_1b_1 + b_1\gamma_1) \times$$

$$A_1(\tau) + b_1\gamma_1A_2(\tau) + \left(\frac{1}{2}a_1 + \gamma_1\right)A_1(\tau)^2 - \left(\frac{1}{2} - \frac{\gamma_1^2}{2a_1} + \frac{\gamma_2^2}{2a_2}\right)A_2(\tau)^2 +$$

$$\left(\gamma_1 + \frac{\gamma_1^2}{a_1}\right)A_1(\tau)A_2(\tau) \tag{7.20}$$

每地区在终点都将得到的利润为 $-g^i[s(T) - \bar{s}_i]$。

### 7.3.3 合作型

在合作型中,两个地区都希望通过合作投资环境项目来实现优化流域生态环境的目标,因此两者就需要通过合作博弈促成最终合作的实现。用 $\Gamma_c(s_0, T-t_0)$ 来表示随机微分合作博弈,地区1和地区2达成合作协议共同在上游地区1投资环境项目建设,污染存量 $s(t)$ 的进展变化受制于随机动态系统,即

$$ds(t) = [e_1(t) + e_2(t) - \gamma_1(I_{11}(t) + I_{21}(t)) - \gamma_2I_{22}(t) - \delta s(t)]dt + \sigma s(t)dz(t), \quad s(0) = s_0 \tag{7.21}$$

在时间点 $t_0$,两地区的期望利润现值为

$$\max_{\substack{e_1,e_2 \\ I_{11},I_{21},I_{22}}} W = E\left\{\int_{t_0}^{T}\left[e_1\left(b_1 - \frac{1}{2}e_1\right) + e_2\left(b_2 - \frac{1}{2}e_2\right) - \pi s - \frac{1}{2}a_1(I_{11} + I_{21})^2 - \right.\right.$$

$$\left.\frac{1}{2}a_2I_{22}^2\right]e^{-r(t-t_0)}dt - \sum_{i=1}^{2}g^i[s(T) - \bar{s}_i]e^{-r(T-t_0)}\right\}$$

$$g^i \geq 0, \bar{s}_i \geq 0 \tag{7.22}$$

令 $\{[e_1^*(t), e_2^*(t), I_{11}^*(t), I_{21}^*(t), I_{22}^*(t)] = [\varphi_1^{e*}(t,s), \varphi_2^{e*}(t,s), \varphi_{11}^{I*}(t,s),$ $\varphi_{21}^{I*}(t,s), \varphi_{22}^{I*}(t,s)]\}$ 为构成合作博弈给出一个最优解法,当存在连续可微分期望利润函数 $W^{(t_0)} = (t,s) \times R_m \to R$ 时,满足以下的偏微分方程:

$$- W_t^{(t_0)}(t,s) - \frac{1}{2}\sigma^2 s^2 W_{ss}^{(t_0)}(t,s)$$

$$= \max_{\substack{e_1,e_2 \\ I_{11},I_{21},I_{22}}} \left\{ \left[ \varphi_1^{e^*}(t,s)\left(b_1 - \frac{1}{2}\varphi_1^{e^*}(t,s)\right) + \varphi_2^{e^*}(t,s)\left(b_2 - \frac{1}{2}\varphi_2^{e^*}(t,s)\right) - \right. \right.$$

$$\left. \pi s - \frac{1}{2}a_1(\varphi_{11}^{I^*}(t,s) + \varphi_{21}^{I^*}(t,s))^2 - \frac{1}{2}a_2\varphi_{22}^{I^*}(t,s)^2 \right] e^{-r(t-t_0)} +$$

$$W_s^{(t_0)}(t,s)\left[ \varphi_1^{e^*}(t,s) + \varphi_2^{e^*}(t,s) - \gamma_1(\varphi_{11}^{I^*}(t,s) + \varphi_{21}^{I^*}(t,s)) - \right.$$

$$\left. \left. \gamma_2\varphi_{22}^{I^*}(t,s) - \delta s(t) \right] \right\}$$

$$W^{(t_0)}(T,s) = -\sum_{i=1}^{2} g^i[s(T) - \overline{s_i}]e^{-r(T-t_0)} \tag{7.23}$$

对式(7.23)进行最大化,便得

$$\varphi_1^{e^*}(t,s) = b_1 + W_s^{(t_0)}(t,s)e^{r(t-t_0)}$$

$$\varphi_2^{e^*}(t,s) = b_2 + W_s^{(t_0)}(t,s)e^{r(t-t_0)}$$

$$\varphi_{11}^{I^*}(t,s) + \varphi_{21}^{I^*}(t,s) = -\frac{\gamma_1}{a_1}W_s^{(t_0)}(t,s)e^{r(t-t_0)}$$

$$\varphi_{22}^{I^*}(t,s) = -\frac{\gamma_2}{a_2}W_s^{(t_0)}(t,s)e^{r(t-t_0)} \tag{7.24}$$

将式(7.24)代入式(7.23),可得

$$W^{(t_0)}(t,s) = e^{-r(t-t_0)}[A(t)s + B(t)] \tag{7.25}$$

式(7.25)中的 $A(t)$、$B(t)$ 必须满足以下动态系统和边际条件:

$$\dot{A}(t) = \pi + (r+\delta)A(t)$$

$$A(T) = -g^1 - g^2$$

$$\dot{B}(t) = rB(t) - \left(1 + \frac{\gamma_1^2}{2a_1} + \frac{\gamma_2^2}{2a_2}\right)A(t)^2 - (b_1 + b_2)A(t) - \frac{1}{2}b_1^2 - \frac{1}{2}b_2^2$$

$$B(T) = g^1\bar{s}_1 + g^2\bar{s}_2 \tag{7.26}$$

该博弈的反馈纳什均衡可以表示为

$$\varphi_1^{e^*}(t,s) = b_1 + A$$

$$\varphi_2^{e^*}(t,s) = b_2 + A$$

$$\varphi_{11}^{I^*}(t,s) + \varphi_{21}^{I^*}(t,s) = -\frac{\gamma_1}{a_1}A$$

$$\varphi_{22}^{I*}(t,s) = -\frac{\gamma_2}{a_2}A \tag{7.27}$$

在合作博弈中,两地区共同参与治理的期望利润可以按照地区在非合作时获得利润的比例来分配因合作得到的额外期望利润。各地区获得利润的现值 $\varepsilon^{(\tau)i}(\tau,s_\tau)$ 可以表示为

$$
\begin{aligned}
\varepsilon^{(\tau)i}(\tau,s_\tau) &= V^{(\tau)i}(\tau,s_\tau) + \frac{V^{(\tau)i}(\tau,s_\tau)}{\sum\limits_{j=1}^{n} V^{(\tau)j}(\tau,s_\tau)} \times \left[ W^{(\tau)}(\tau,s_\tau) - \sum\limits_{j=1}^{n} V^{(\tau)j}(\tau,s_\tau) \right] \\
&= \frac{A_i(\tau)s_\tau + B_i(\tau)}{\sum\limits_{j=1}^{n} \left[ A_j(\tau)s_\tau + B_j(\tau) \right]} \times \left[ A(\tau)s_\tau + B(\tau) \right] \tag{7.28}
\end{aligned}
$$

式(7.28)表示各地区获得的期望利润等于期望非合作利润加上根据各自的期望非合作利润所占的比例在合作情况下的额外所得中分得的部分。地区 $i$ 采取合作策略时除了终点支付以外,每时刻利润可以表示为

$$
\begin{aligned}
P_i(\tau,s_\tau) = &-\frac{(A_i(\tau)s_\tau + B_i(\tau))(\dot{A}(\tau)s_\tau + \dot{B}(\tau))}{\sum\limits_{j=1}^{n} \left[ A_j(\tau)s_\tau + B_j(\tau) \right]} - \\
&\frac{(\dot{A}_i(\tau)s_\tau + \dot{B}_i(\tau))(A(\tau)s_\tau + B(\tau))}{\sum\limits_{j=1}^{n} \left[ A_j(\tau)s_\tau + B_j(\tau) \right]} + \\
&\frac{(A_i(\tau)s_\tau + B_i(\tau))\left[ \sum\limits_{j=1}^{n} (\dot{A}_j(\tau)s_\tau + \dot{B}_j(\tau)) \right](A(\tau)s_\tau + B(\tau))}{\left[ \sum\limits_{j=1}^{n} (A_j(\tau)s_\tau + B_j(\tau)) \right]^2} - \\
&\sigma^2 s_\tau^2 \left\{ \frac{A(\tau)A_i(\tau)}{\sum\limits_{j=1}^{n} \left[ A_j(\tau)s_\tau + B_j(\tau) \right]} - \right. \\
&\frac{\sum\limits_{j=1}^{n} A_j(\tau)(2A(\tau)A_i(\tau)s_\tau + A(\tau)B_i(\tau) + A_i(\tau)B(\tau))}{\left[ \sum\limits_{j=1}^{n} (A_j(\tau)s_\tau + B_j(\tau)) \right]^2} +
\end{aligned}
$$

$$\left. \frac{\left[ \sum_{j=1}^{n} A_j(\tau) \right]^2 (A_i(\tau)s_\tau + B_i(\tau))(A(\tau)s_\tau + B(\tau))}{\left[ \sum_{j=1}^{n} (A_j(\tau)s_\tau + B_j(\tau)) \right]^3} \right\} -$$

$$\left[ \frac{(2A(\tau)A_i(\tau)s_\tau + A(\tau)B_i(\tau) + A_i(\tau)B(\tau))}{\sum_{j=1}^{n} [A_j(\tau)s_\tau + B_j(\tau)]} - \right.$$

$$\left. \frac{\sum_{j=1}^{n} A_j(\tau)(A_i(\tau)s_\tau + B_i(\tau))(A(\tau)s_\tau + B(\tau))}{\left[ \sum_{j=1}^{n} (A_j(\tau)s_\tau + B_j(\tau)) \right]^2} \right] +$$

$$\left( b_1 + b_2 + 2A(\tau) + \frac{\gamma_1^2}{a_1}A(\tau) + \frac{\gamma_2^2}{a_2}A(\tau) - \delta s_\tau \right) \qquad (7.29)$$

每地区在终点都将得到的利润为 $-g^i[s(T) - \bar{s}_i]$。

# 7.4 算例分析

假设算例中涉及的有关参数[143]如下:

$\gamma_1 = 0.5, \gamma_2 = 1$

$a_1 = 0.5, a_2 = 1$

$b_1 = 20, b_2 = 40$

$g_1 = 1, g_2 = 3$

$\bar{s}_1 = 25, \bar{s}_2 = 60$

$\pi_1 = 4, \pi_2 = 5, \pi = 9$

$\delta = 0.01$

$\sigma = 0.05$

$r = 0.05$

$T = 3$

假设自给自足型下各时间点的污染存量依次为 $40, 43, 45$，而在异地单独投资型和合作型下,由于除本地环境项目投资以外还增加了异地投资,同时为了更好地比较异地投资不合作与合作结果的差异,因此假设在这两种类型下各时间点污染存量相同且小于自给自足型,分别为38,41,43。三种类型下各地区在各时间点的期望利润计算结果如表7.1—表7.3所示。

表7.1 自给自足型下各地区的期望利润

| $t$ | $s_\tau$ | 地区1 | | | | 地区2 | | | |
|---|---|---|---|---|---|---|---|---|---|
| | | $A_1(t)$ | $B_1(t)$ | $P_1(\tau,s_\tau)$ | $P_1(T,s_\tau)$ | $A_2(t)$ | $B_2(t)$ | $P_2(\tau,s_\tau)$ | $P_2(T,s_\tau)$ |
| 1 | 40 | −9 | −4 934 | 244 | — | −12 | −3 663 | 663 | — |
| 2 | 43 | −6 | −4 597 | 244 | — | −8 | −2 847 | 681 | — |
| 3 | 45 | −2 | 50 | — | −40 | −3 | 180 | — | 45 |

表7.2 异地单独投资型下各地区的期望利润

| $t$ | $s_\tau$ | 地区1 | | | | 地区2 | | | |
|---|---|---|---|---|---|---|---|---|---|
| | | $A_1(t)$ | $B_1(t)$ | $P_1(\tau,s_\tau)$ | $P_1(T,s_\tau)$ | $A_2(t)$ | $B_2(t)$ | $P_2(\tau,s_\tau)$ | $P_2(T,s_\tau)$ |
| 1 | 38 | −9 | −2 577 | 133 | — | −12 | −3 787 | 611 | — |
| 2 | 41 | −6 | −2 574 | 150 | — | −8 | −3 863 | 700 | — |
| 3 | 43 | −2 | 50 | — | −36 | −3 | 180 | — | 51 |

表7.3 合作型下各地区的期望利润

| $t$ | $s_\tau$ | $A(t)$ | $B(t)$ | 地区1 | | 地区2 | |
|---|---|---|---|---|---|---|---|
| | | | | $P_1(\tau,s_\tau)$ | $P_1(T,s_\tau)$ | $P_2(\tau,s_\tau)$ | $P_2(T,s_\tau)$ |
| 1 | 38 | −22 | −2 711 | 133 | — | 233 | — |
| 2 | 41 | −14 | −3 871 | 108 | — | 321 | — |
| 3 | 43 | −5 | 230 | — | −36 | — | 51 |

根据以上结果可以看出:

①3种类型下,$A(t)$的系数均为负,且逐渐增大,这充分证明了污染存量与期望利润的负向关系,即随着排放量增速的减缓,期望利润逐渐增加。

②在自给自足型下,地区1和地区2在前两年均能获得利润,并呈增长趋势。地区2由于经济较发达,生产能力强,利润值要高于地区1。而到结束时间

第三年时,地区 1 由于未达到给定污染存量要求,需要承担相应的惩罚,所以终点利润为负,地区 2 由于达到给定要求,仍能获得利润。

③在异地单独投资型下,地区 1 在前两年、地区 2 在第一年获得的利润都小于自给自足型,这是地区 2 在地区 1 投资环境项目带来的地区 2 投资成本增加和污染存量减少所致。在第三年,由于流域减排效果较自给自足型有所提高,地区 1 承担的罚金减少,地区 2 获得的利润增加。

④在合作型下,由于假设了污染存量和异地单独投资型一样,这就使得两种类型下两地区的终点利润相同。但通过比较瞬时利润可以发现,合作型中两地区前两年获得的利润明显少于前两类,这是因为对经济较落后、治污任务艰巨的地区 1 的污染治理已经由原来的分散投资转变成合作投资,前期投资成本增加。随着投资带来的污染治理成效逐渐显现,利润一定会在接下来的年份逐渐增加。

## 7.5　本章小结

以流域相邻两地区为研究对象,根据水污染治理投资模式的不同,分别建立自给自足型、异地单独投资型和合作型 3 种博弈模型具有较好的现实指导意义:一是基于随机微分博弈理论建立的模型充分考虑了污染治理是一个因应环境进展的长期随机动态协商的过程,更符合实际。二是位于流域上游的地区往往为经济欠发达地区,同时也是治理任务关键的地区,通过鼓励下游发达地区到上游地区投资环境项目,一方面从源头治理污染事半功倍,另一方面将减排指标经核准后记入该地区的考核,有利于调动投资者的积极性。通过比较 3 种模型在各时间点的期望利润,可以得出下游地区参与上游地区的环境项目投资合作,最能实现各方共赢的局面,实现流域的长久可持续发展。

# 8 跨行政区流域水污染防治 区域联盟研究

## 8.1 概　述

水是基本的自然资源,是组成生命世界、生态环境的要素;水又是战略性经济资源,是一个国家综合国力的有机组成部分。中国水资源时空分布不均,人均占有水资源只有世界平均水平的1/4。随着人口的快速增长与社会经济的不断发展,水资源的过度利用和跨地区的流域水环境问题日益突出,已经成为危及地区和平与稳定、制约区域可持续发展的重要因素。流域水环境问题是长期累积的结果,其治理和修复亦将是一个长期过程,需要付出长期不懈的努力。近年来,各地区通过对辖区内的产业结构进行优化,同时加大环境保护执法力度,提高水污染治理的技术水平等方式保护流域生态环境,但流域水污染问题仍未得到有效解决[147]。究其原因主要有二:一是未意识到流域水环境具有公共物品性质。易志斌和马晓明[148]为此作了详细分析和解释,他们认为该属性是由两个原因引起的,即流域水环境在一定范围内的外部性和流域水环境作为物品本身既具有消费的非竞争性又具有受益的非排他性。因此流域内水资源任何一部分受到污染,都可能破坏整个流域系统。上游污染可以通过径流携带到下游地区,形成区域环境系统的恶性关联;如果上游地区进行合理的经济开发,改良了生态环境,就会优化中下游地区、相邻或相关区域的环境系统,形成区域环境系统的良性关联。因此,各地区从自身实际出发,就流域水污染问题展开联盟合作才是最有效的解决途径。

所谓联盟是指每位参与者都能够按自己的利益与其他部分的参与者通过具有约束力的协议组成一个小集团,彼此合作以谋求更大的总支付。而由所有参与者组成的联盟称为大联盟,单个参与者则看作是一个特殊的联盟。如《2013年淮河水污染联防工作方案》《泛珠三角区域环境保护合作协议》《长江三角洲地区环境保护工作合作协议(2009—2010 年)》等都是区域联盟的积极探索[149],但是目前的合作行为忽视了联盟方式不同对合作效果的影响。目前有关联盟问题的讨论主要是通过夏普利值法及其衍生出来的欧文值、班茨哈夫值等方法实现的。这类方法的主要思想是每个参与人所应承担的成本或所应获得的得益等于该参与人对每一个他所参与的联盟的边际贡献的平均值,不同之处在于权重的设置不同。Petrosjan 和 Zaccour[94] 将夏普利值运用在解决连续时间下的流域污染治理。但该类方法的不足在于必须将各地区可能构成的所有联盟考虑在内,但在实际中,地区间有些联盟是不起作用的,或者说是不现实的,从而使该方法的应用受到限制。二是未解决参与主体既得利益的平衡。流域上游地区往往是经济相对贫困、生态相对脆弱的区域,但却承担着建设和保护流域生态环境的重任;流域下游地区经济相对发达,但却享受着上游污染治理的成果。区域间一旦达成合作共同分担生态建设的重任,如何分摊成本或收益以确保各方利益均衡就成了关键问题。目前逐渐得到学术认可的是微分博弈法。Jorgensen 和 Zaccour[95] 研究了相邻两个地区为控制污染排放利用微分博弈模型计算污染治理后福利的分摊,并通过比较得出了合作治理要明显优于不合作的结果。Jorgensen[96] 以流域三个相邻地区为研究对象,假定没有额外增加的污染,同时现有的污染物也不会被自然吸收,每个地区污染的减少就只有通过向其他地区排放来实现。在总的污染存量一定的条件下,从微分博弈的角度分析不合作和合作情形的污染排放,得出只有通过内部转移支付机制展开有效的合作才能根本解决问题。虽然微分博弈已被国外学者越来越多地使用在流域污染治理上,但国内尚处于起步阶段。不过就已有研究成果可以发现,当前通过微分博弈法建立的博弈模型忽略了流域各地区污染存量的变化除了来源于新排放的污染物、环境治理削减的污染物、自然吸收的污染物以外,流域上下游间其实也是有影响的,即上游会将部分污染物排放到下游,使本地区污染存量减少,而下游污染存量增加。基于以上的考虑,运用微分博弈方法,根据流域水污染治理中各地区可能采取的治污模式,分别建立自给自足型、两两联盟型和大联盟型 3 种联盟模式,通过动态规划进行求解,最后用数值算例对各种模式的治理成效进行比较,以求找到最有效的区域联盟方式。

## 8.2　基本假设与变量设计

假设 1:河流中的污染物主要包括有机污染物和无机污染物两种,由于无机污染物一般只随水进行迁移和简单的状态转化,因此本章假定流域污染物主要是有机污染物。

假设 2:令 $Q_i(t)$ 表示地区 $i$ 在时间点 $t$ 的工业生产量,它将会产生污染排放量 $e_i(t)$,假定工业生产量和污染排放之间成正向关系,即可表示成 $Q_i = Q_i(e_i(t))$。地区 $i$ 通过工业生产将产生收益 $R_i(Q_i)$,因此收益函数可以通过排放量 $e_i(t)$ 来表示,且是关于排放量 $e_i(t)$ 的逐渐增加的二次凹函数[141],即

$$R_i(Q_i(e_i(t))) = e_i(t)\left(b_i - \frac{1}{2}e_i(t)\right), 0 \leqslant e_i(t) \leqslant b_i \qquad (8.1)$$

其中,$b_i$ 为给定参数,它表示收益达到最大值时排放量的取值。

假设 3:工业生产排放的污染物对流域的水环境造成了污染,必须要付出相应的成本代价,令 $d_i(s)$ 表示工业生产带来的破坏成本,它取决于流域各地区的污染存量 $s$,即

$$d_i(s) = \pi_i s_i(t) \qquad \pi_i > 0 \qquad (8.2)$$

其中,$\pi_i$ 为每单位污染存量对地区 $i$ 的破坏程度。

假设 4:为了削减污染排放量,流域各地区可以通过削减生产、使用低污染的生产技术、加大清污力度等环境项目投资手段控制污染排放。地区 $i$ 用于环境项目建设的投资成本可以用逐渐增加的二次凸函数[98]表示为

$$c_i(h_i) = \frac{1}{2}a_i h_i(t)^2 \qquad a_i > 0 \qquad (8.3)$$

其中,$a_i$ 表示投资成本效率参数。

假设5:地区 $i$ 通过投资环境项目将能减少污染减排量 $\mathrm{ERU}_i(t)$,假定与投资 $h_i$ 成正比[141-142],即可表示为

$$\mathrm{ERU}_i(t) = \gamma_i h_i(t) \qquad \gamma_i > 0 \qquad (8.4)$$

其中,$\gamma_i$ 表示投资规模参数。

# 8.3　模型构建

根据流域水污染治理中各地区采取的合作模式的差异,区域联盟可以划分为自给自足型、两两联盟型和大联盟型 3 种类型。以流域相邻三地区为研究对象,其中地区 1 代表上游地区,地区 2 代表中游地区,地区 3 代表下游地区,然后以各地区在不同的联盟类型下的利润函数为目标函数,以污染存量变化为状态方程分别建立模型并进行求解。

## 8.3.1　自给自足型

在自给自足型中,每个地区都只愿意对辖区范围内的河道通过环境项目投资来治理水污染问题。

①地区 1。

地区 1 的期望利润的现值可表示为

$$\max_{e_1, h_1} W_1 = \int_0^T \left[ e_1(t) \left( b_1 - \frac{1}{2} e_1(t) \right) - \frac{1}{2} a_1 h_1(t)^2 - \pi_1 s_1(t) \right] e^{-rT} \mathrm{d}t \quad (8.5)$$

地区 1 的污染存量 $s_1(t)$ 的变化主要包括新增加污染排放、治理减少的污染排放、污染物的自然衰减以及转移给下游地区 2 的污染排放 4 部分,其进展变化可以用微分方程表示为

$$\dot{s}_1(t) = e_1(t) - \gamma_1 h_1(t) - \delta_1 s_1(t) - \varphi_1 s_1(t), s_{10} > 0 \quad (8.6)$$

其中 $\delta$ 表示各地区污染自然吸收率($0 < \delta < 1$),$\varphi$ 表示转移给下游地区的比重。

引用贝尔曼的动态规划,得到微分方程

$$- V_t^{(0)1}(t,s_1) = \max_{e_1,h_1} \left\{ \left[ e_1^{(0)*}(t) \left( b_1 - \frac{1}{2} e_1^{(0)*}(t) \right) - \frac{1}{2} a_1 h_1^{(0)*}(t)^2 - \pi_1 s_1 \right] e^{-rt} + \right.$$

$$\left. V_{s_1}^{(0)1}(t,s_1) \left[ e_1^{(0)*}(t) - \gamma_1 h_1^{(0)*}(t) - \delta_1 s_1 - \varphi_1 s_1 \right] \right\} \tag{8.7}$$

对微分方程的右边进行最大化,便得出最大化条件

$$e_1^{(0)*}(t) = b_1 + V_{s_1}^{(0)1}(t,s_1) e^{rt} \qquad h_1^{(0)*}(t) = -\frac{\gamma_1}{a_1} V_{s_1}^{(0)1}(t,s_1) e^{rt} \tag{8.8}$$

地区 1 在时区 $[0,T]$ 的利润函数为

$$V^{(0)1}(t,s_1) = e^{-rt} [A_1(t) s_1 + B_1(t)] \tag{8.9}$$

式(8.9)中的 $A_1(t)$、$B_1(t)$ 必须满足的动态系统和边际条件为

$$\dot{A}_1(t) = \pi_1 + (r + \delta_1 + \varphi_1) A_1(t)$$

$$\dot{B}_1(t) = r B_1(t) - \left( \frac{\gamma_1^2}{2a_1} + \frac{1}{2} \right) A_1(t)^2 - b_1 A_1(t) - \frac{1}{2} b_1^2 \tag{8.10}$$

将式(8.9)代入最大化条件,可得

$$e_1^{(0)*}(t) = b_1 + A_1(t) \qquad h_1^{(0)*}(t) = -\frac{\gamma_1}{a_1} A_1(t) \tag{8.11}$$

令 $\varepsilon^{(\tau)1}(\tau,s_1)$ 为地区 1 在时间点 $\tau$ 获得的利润函数,$P_1(\tau,s_1)$ 为地区 1 在时间点 $\tau$ 获得的瞬时利润,可以由下式计算得到,即

$$P_1(\tau) = - \varepsilon_t^{(\tau)1}(\tau,s_{1\tau}^*) - \varepsilon_{s_{1t}}^{(\tau)1}(\tau,s_{1\tau}^*) \left[ b_1 + A_1(\tau) + \frac{\gamma_1^2}{a_1} A_1(\tau) - \delta_1 s_{1\tau}^* - \varphi_1 s_{1\tau}^* \right]$$

$$= - \dot{A}_1(\tau) s_{1\tau}^* - \dot{B}_1(\tau) - A_1(\tau) \left[ b_1 + A_1(\tau) + \frac{\gamma_1^2}{a_1} A_1(\tau) - \delta_1 s_{1\tau}^* - \varphi_1 s_{1\tau}^* \right]$$

$$= - [\pi_1 + (r + \delta_1 + \varphi_1) A_1(\tau)] s_{1\tau}^* - \left( r B_1(\tau) - \left( \frac{\gamma_1^2}{2a_1} + \frac{1}{2} \right) A_1(\tau)^2 - b_1 A_1(\tau) - \frac{1}{2} b_1^2 \right) -$$

$$A_1(\tau) \left[ b_1 + A_1(\tau) + \frac{\gamma_1^2}{a_1} A_1(\tau) - \delta_1 s_{1\tau}^* - \varphi_1 s_{1\tau}^* \right] \tag{8.12}$$

②地区 2。

地区 2 的期望利润的现值可表达为

$$\max_{e_2,h_2} W_2 = \int_0^T \left[ e_2(t) \left( b_2 - \frac{1}{2} e_2(t) \right) - \frac{1}{2} a_2 h_2(t)^2 - \pi_2 s_2(t) \right] e^{-rT} \mathrm{d}t \tag{8.13}$$

地区 2 的污染存量变化主要包括新增加污染排放、治理减少的污染排放、污染物的自然衰减、接受地区 1 转移的污染排放、转移给地区 3 的污染排放 5 部分,用微分方程表示为

$$\dot{s}_2(t) = e_2(t) - \gamma_2 h_2(t) - \delta_2 s_2(t) + \varphi_1 s_1(t) - \varphi_2 s_2(t), s_{20} > 0 \quad (8.14)$$

引用贝尔曼的动态规划,便得到微分方程

$$-V_t^{(0)2}(t,s_2) = \max_{e_2,h_2} \left\{ \left[ e_2^{(0)*}(t) \left( b_2 - \frac{1}{2} e_2^{(0)*}(t) \right) - \frac{1}{2} a_2 h_2^{(0)*}(t)^2 - \pi_2 s_2 \right] e^{-rt} + \right.$$

$$\left. V_{s_2}^{(0)2}(t,s_2) \left[ e_2^{(0)*}(t) - \gamma_2 h_2^{(0)*}(t) - \delta_2 s_2 + \varphi_1 s_1 - \varphi_2 s_2 \right] \right\} \quad (8.15)$$

对式(8.15)进行最大化,便得

$$e_2^{(0)*}(t) = b_2 + V_{s_2}^{(0)2}(t,s_2) e^{rt} \qquad h_2^{(0)*}(t) = -\frac{\gamma_2}{a_2} V_{s_2}^{(0)2}(t,s_2) e^{rt} \quad (8.16)$$

地区 2 在时区 $[0,T]$ 的利润函数为

$$V^{(0)2}(t,s_2) = e^{-rt} \left[ A_2(t) s_2 + B_2(t) \right] \quad (8.17)$$

式(8.17)中的 $A_2(t)$、$B_2(t)$ 必须满足的动态系统和边际条件为

$$\dot{A}_2(t) = \pi_2 + (r + \delta_2 + \varphi_2) A_2(t)$$

$$\dot{B}_2(t) = r B_2(t) - \left( \frac{\gamma_2^2}{2a_2} + \frac{1}{2} \right) A_2(t)^2 - (b_2 + \varphi_1 s_1) A_2(t) - \frac{1}{2} b_2^2 \quad (8.18)$$

将式(8.17)代入式(8.16),可得

$$e_2^{(0)*}(t) = b_2 + A_2(t) \qquad h_2^{(0)*}(t) = -\frac{\gamma_2}{a_2} A_2(t) \quad (8.19)$$

地区 2 在时间点 $\tau$ 获得的瞬时利润可以表示为

$$P_2(\tau) = -\left[ \pi_2 + (r + \delta_2 + \varphi_2) A_2(\tau) \right] s_{2\tau}^* -$$

$$\left( r B_2(\tau) - \left( \frac{\gamma_2^2}{2a_2} + \frac{1}{2} \right) A_2(\tau)^2 - (b_2 + \varphi_1 s_1) A_2(\tau) - \frac{1}{2} b_2^2 \right) -$$

$$A_2(\tau) \left[ b_2 + A_2(\tau) + \frac{\gamma_2^2}{a_2} A_2(\tau) - \delta_2 s_{2\tau}^* + \varphi_1 s_{1\tau}^* - \varphi_2 s_{2\tau}^* \right] \quad (8.20)$$

③地区 3。

地区 3 的期望利润的现值可表示为

$$\max_{e_3,h_3} W_3 = \int_0^T \left[ e_3(t) \left( b_3 - \frac{1}{2} e_3(t) \right) - \frac{1}{2} a_3 h_3(t)^2 - \pi_3 s_3(t) \right] e^{-rT} dt \quad (8.21)$$

污染存量变化主要包括新增加污染排放、治理减少的污染排放、污染物的自然衰减和接受地区 2 转移的污染排放 4 部分,用微分方程表示为

$$\dot{s}_3(t) = e_3(t) - \gamma_3 h_3(t) - \delta_3 s_3(t) + \varphi_2 s_2(t), s_{30} > 0 \quad (8.22)$$

引用贝尔曼的动态规划,便得到微分方程

$$- V_t^{(0)3}(t,s_3) = \max_{e_3,h_3} \left\{ \left[ e_3^{(0)*}(t) \left( b_3 - \frac{1}{2} e_3^{(0)*}(t) \right) - \frac{1}{2} a_3 h_3^{(0)*}(t)^2 - \pi_3 s_3 \right] e^{-rt} + \right.$$

$$\left. V_{s_3}^{(0)3}(t,s_3) \left[ e_3^{(0)*}(t) - \gamma_3 h_3^{(0)*}(t) - \delta_3 s_3 + \varphi_2 s_2 \right] \right\} \quad (8.23)$$

对式(8.23)进行最大化,便得

$$e_3^{(0)*}(t) = b_3 + V_{s_3}^{(0)3}(t,s_3) e^{rt} \qquad h_3^{(0)*}(t) = -\frac{\gamma_3}{a_3} V_{s_3}^{(0)3}(t,s_3) e^{rt} \quad (8.24)$$

地区 3 在时区[0,T]的利润函数为

$$V^{(0)3}(t,s_3) = e^{-rt} [A_3(t) s_3 + B_3(t)] \quad (8.25)$$

式(8.25)中的 $A_3(t)$、$B_3(t)$ 必须满足的动态系统和边际条件为

$$\dot{A}_3(t) = \pi_3 + (r + \delta_3) A_3(t)$$

$$\dot{B}_3(t) = rB_3(t) - \left( \frac{\gamma_3^2}{2a_3} + \frac{1}{2} \right) A_3(t)^2 - (b_3 + \varphi_2 s_2) A_3(t) - \frac{1}{2} b_3^2 \quad (8.26)$$

该博弈的反馈纳什均衡可以表示为

$$e_3^{(0)*}(t) = b_3 + A_3(t) \qquad h_3^{(0)*}(t) = -\frac{\gamma_3}{a_3} A_3(t) \quad (8.27)$$

地区 3 在时间点 $\tau$ 获得的瞬时利润可以表示为

$$P_3(\tau) = -[\pi_3 + (r + \delta_3) A_3(\tau)] s_{3\tau}^* - \left[ rB_3(\tau) - \left( \frac{\gamma_3^2}{2a_3} + \frac{1}{2} \right) A_3(\tau)^2 - \right.$$

$$\left. (b_3 + \varphi_2 s_2) A_3(\tau) - \frac{1}{2} b_3^2 \right] - A_3(\tau) \left[ b_3 + A_3(\tau) + \right.$$

$$\left. \frac{\gamma_3^2}{a_3} A_3(\tau) - \delta_3 s_{3\tau}^* + \varphi_2 s_{2\tau}^* \right] \quad (8.28)$$

### 8.3.2　两两联盟型

两两联盟型是指流域相邻两个地区为了减少地区间利益冲突,实现利润最大化而形成的联盟,未相邻地区因为相互没有影响,联盟失去意义。在本章中,就是考虑地区 1 和地区 2 形成联盟(1,2),地区 2 和地区 3 形成联盟(2,3)。假定形成联盟后两地区污染存量为两地区合作前污染存量的简单叠加,地区 2 由于同时参与 2 个联盟的环境项目投资,因此联盟(1,2)和联盟(2,3)中分别获得地区 2 的一半投资,同时两个联盟中地区 2 的污染排放量也为总量的一半。

①联盟(1,2)。

由地区 1 和地区 2 形成的联盟(1,2)的期望利润的现值可表示为

$$\max_{e_1,e_2,h_1,h_2} W_{12} = \int_0^T \left[ e_1(t)\left(b_1 - \frac{1}{2}e_1(t)\right) + \frac{1}{2}e_2(t)\left(b_2 - \frac{1}{4}e_2(t)\right) - \right.$$

$$\left. \pi_{12}s_{12}(t) - \frac{1}{2}a_{12}\left(h_1(t) + \frac{1}{2}h_2(t)\right)^2 \right] e^{-rT}\mathrm{d}t \tag{8.29}$$

两地区的污染存量的变化可以用微分方程表示为

$$\dot{s}_{12}(t) = e_1(t) + \frac{1}{2}e_2(t) - \gamma_{12}\left(h_1(t) + \frac{1}{2}h_2(t)\right) - \delta_{12}s_{12}(t) - \varphi_{12}s_{12}(t) \tag{8.30}$$

引用贝尔曼方程,便得

$$-W_t^{(0)12}(t,s_{12}) = \max_{e_1,e_2,h_1,h_2} \left\{ \left[ e_1^{(0)*}(t)\left(b_1 - \frac{1}{2}e_1^{(0)*}(t)\right) + \frac{1}{2}e_2^{(0)*}(t)\left(b_2 - \frac{1}{4}e_2^{(0)*}(t)\right) - \right.\right.$$

$$\pi_{12}s_{12} - \frac{1}{2}a_{12}\left(h_1^{(0)*}(t) + \frac{1}{2}h_2^{(0)*}(t)\right)^2 \right] e^{-rt} + W_{s_{12}}^{(0)12}(t,s_{12}) \left[ e_1^{(0)*}(t) + \right.$$

$$\left.\left. \frac{1}{2}e_2^{(0)*}(t) - \gamma_{12}\left(h_1^{(0)*}(t) + \frac{1}{2}h_2^{(0)*}(t)\right) - \delta_{12}s_{12} - \varphi_{12}s_{12} \right] \right\} \tag{8.31}$$

对式(8.31)进行最大化,便得

$$e_1^{(0)*}(t) = b_1 + W_{s_{12}}^{(0)}(t,s_{12})e^{rt} \qquad e_2^{(0)*}(t) = 2b_2 + 2W_{s_{12}}^{(0)}(t,s_{12})e^{rt}$$

$$h_1^{(0)*}(t) + \frac{1}{2}h_2^{(0)*}(t) = -\frac{\gamma_{12}}{a_{12}}W_{s_{12}}^{(0)}(t,s_{12})e^{rt} \tag{8.32}$$

联盟(1,2)在时区$[0,T]$的利润函数为

$$W^{(0)12}(t,s_{12}) = e^{-rt}[A_{12}(t)s_{12} + B_{12}(t)] \tag{8.33}$$

式(8.33)中的$A_{12}(t)$、$B_{12}(t)$必须满足的动态系统和边际条件为

$$\dot{A}_{12}(t) = \pi_{12} + (r + \delta_{12} + \varphi_{12})A_{12}(t)$$

$$\dot{B}_{12}(t) = rB_{12}(t) - \left(\frac{\gamma_{12}^2}{2a_{12}} + 1\right)A_{12}(t)^2 - (b_1 + b_2)A_{12}(t) - \frac{1}{2}b_1^2 - \frac{1}{2}b_2^2$$

$$\tag{8.34}$$

该博弈的反馈纳什均衡可以表示为

$$\varphi_1^{(0)e^*}(t,s_{12}) = b_1 + A_{12}(t) \qquad e_2^{(0)^*}(t) = 2b_2 + 2A_{12}(t)$$

$$h_1^{(0)^*}(t) + \frac{1}{2}h_2^{(0)^*}(t) = -\frac{\gamma_{12}}{a_{12}}A_{12}(t) \tag{8.35}$$

在合作博弈中,联盟(1,2)共同参与治理的期望利润可以按照各地区在非合作时获得利润的比例来分配因合作得到的额外期望利润。因此各地区在各个时间点获得期望利润$\varepsilon^{(\tau)i}(\tau,s_\tau)$可以表示为

$$\varepsilon^{(\tau)i}(\tau,s_{12\tau}^*) = V^{(\tau)i}(\tau,s_{12\tau}^*) + \frac{V^{(\tau)i}(\tau,s_{12\tau}^*)}{\sum\limits_{j=1}^{2}V^{(\tau)j}(\tau,s_{12\tau}^*)}\left[W^{(\tau)12}(\tau,s_{12\tau}^*) - \sum\limits_{j=1}^{2}V^{(\tau)j}(\tau,s_{12\tau}^*)\right]$$

$$= \frac{V^{(\tau)i}(\tau,s_{12\tau}^*)}{\sum\limits_{j=1}^{2}V^{(\tau)j}(\tau,s_{12\tau}^*)}W^{(\tau)12}(\tau,s_{12\tau}^*) \tag{8.36}$$

经过计算可得到地区1和地区2在时间点$\tau$的利润函数为

$$\varepsilon^{(\tau)1}(\tau,s_{12\tau}^*) = \frac{A_1(\tau)s_{12\tau}^* + B_1(\tau)}{A_1(\tau)s_{12\tau}^* + B_1(\tau) + A_2(\tau)s_{12\tau}^* + B_2(\tau)} \times [A_{12}(\tau)s_{12\tau}^* + B_{12}(\tau)]$$

$$\varepsilon^{(\tau)2}(\tau,s_{12\tau}^*) = \frac{A_2(\tau)s_{12\tau}^* + B_2(\tau)}{A_1(\tau)s_{12\tau}^* + B_1(\tau) + A_2(\tau)s_{12\tau}^* + B_2(\tau)} \times [A_{12}(\tau)s_{12\tau}^* + B_{12}(\tau)]$$

$$\tag{8.37}$$

两地区在时间点$\tau$获得的瞬时利润可以分别表示为

$$P_1'(\tau) = -\frac{(\dot{A}_1(\tau)s_{12\tau}^* + \dot{B}_1(\tau))(A_1(\tau)s_{12\tau}^* + B_1(\tau) + A_2(\tau)s_{12\tau}^* + B_2(\tau)) - (A_1(\tau)s_{12\tau}^* + B_1(\tau))(\dot{A}_1(\tau)s_{12\tau}^* + \dot{B}_1(\tau) + \dot{A}_2(\tau)s_{12\tau}^* + \dot{B}_2(\tau))}{(A_1(\tau)s_{12\tau}^* + B_1(\tau) + A_2(\tau)s_{12\tau}^* + B_2(\tau))^2} \times$$

$$\left(A_{12}(\tau)s_{12\tau}^* + B_{12}(\tau)\right) - \frac{A_1(\tau)s_{12\tau}^* + B_1(\tau)}{A_1(\tau)s_{12\tau}^* + B_1(\tau) + A_2(\tau)s_{12\tau}^* + B_2(\tau)} \times \left(\dot{A}_{12}(\tau)s_{12\tau}^* + \dot{B}_{12}(\tau)\right) -$$

$$\left[ \frac{A_1(\tau)(A_1(\tau)s_{12\tau}^* + B_1(\tau) + A_2(\tau)s_{12\tau}^* + B_2(\tau)) - (A_1(\tau)s_{12\tau}^* + B_1(\tau))(A_1(\tau) + A_2(\tau))}{(A_1(\tau)s_{12\tau}^* + B_1(\tau) + A_2(\tau)s_{12\tau}^* + B_2(\tau))^2} \times \left(A_{12}(\tau)s_{12\tau}^* + B_{12}(\tau)\right) + \right.$$

$$\left. \frac{A_1(\tau)s_{12\tau}^* + B_1(\tau)}{A_1(\tau)s_{12\tau}^* + B_1(\tau) + A_2(\tau)s_{12\tau}^* + B_2(\tau)} \times A_{12}(\tau) \right] \times \left[ b_1 + b_2 + 2A_{12}(\tau) + \frac{\gamma_{12}^2}{a_{12}}A_{12}(\tau) - \delta_{12}s_{12\tau}^* - \varphi_{12}s_{12\tau}^* \right]$$

$$P_2'(\tau) = -\frac{(\dot{A}_2(\tau)s_{12\tau}^* + \dot{B}_2(\tau))(A_1(\tau)s_{12\tau}^* + B_1(\tau) + A_2(\tau)s_{12\tau}^* + B_2(\tau)) - (A_2(\tau)s_{12\tau}^* + B_2(\tau))(\dot{A}_1(\tau)s_{12\tau}^* + \dot{B}_1(\tau) + \dot{A}_2(\tau)s_{12\tau}^* + \dot{B}_2(\tau))}{(A_1(\tau)s_{12\tau}^* + B_1(\tau) + A_2(\tau)s_{12\tau}^* + B_2(\tau))^2} \times$$

$$\left(A_{12}(\tau)s_{12\tau}^* + B_{12}(\tau)\right) - \frac{A_2(\tau)s_{12\tau}^* + B_2(\tau)}{A_1(\tau)s_{12\tau}^* + B_1(\tau) + A_2(\tau)s_{12\tau}^* + B_2(\tau)} \times \left(\dot{A}_{12}(\tau)s_{12\tau}^* + \dot{B}_{12}(\tau)\right) -$$

$$\left[ \frac{A_2(\tau)(A_1(\tau)s_{12\tau}^* + B_1(\tau) + A_2(\tau)s_{12\tau}^* + B_2(\tau)) - (A_2(\tau)s_{12\tau}^* + B_2(\tau))(A_1(\tau) + A_2(\tau))}{(A_1(\tau)s_{12\tau}^* + B_1(\tau) + A_2(\tau)s_{12\tau}^* + B_2(\tau))^2} \times \left(A_{12}(\tau)s_{12\tau}^* + B_{12}(\tau)\right) + \right.$$

$$\left. \frac{A_2(\tau)s_{12\tau}^* + B_2(\tau)}{A_1(\tau)s_{12\tau}^* + B_1(\tau) + A_2(\tau)s_{12\tau}^* + B_2(\tau)} \times A_{12}(\tau) \right] \times \left[ b_1 + b_2 + 2A_{12}(\tau) + \frac{\gamma_{12}^2}{a_{12}}A_{12}(\tau) - \delta_{12}s_{12\tau}^* - \varphi_{12}s_{12\tau}^* \right]$$

$$(8.38)$$

②联盟(2,3)。

联盟(2,3)的期望利润的现值可表示为

$$\max_{e_2,e_3,h_2,h_3} W_{23} = \int_0^T \left[ \frac{1}{2}e_2(t)\left(b_2 - \frac{1}{4}e_2(t)\right) + e_3(t)\left(b_3 - \frac{1}{2}e_3(t)\right) - \right.$$

$$\left. \pi_{23}s_{23}(t) - \frac{1}{2}a_{23}\left(\frac{1}{2}h_2(t) + h_3(t)\right)^2 \right]e^{-rT}\mathrm{d}t \qquad (8.39)$$

两地区的污染存量变化可以用微分方程表示为

$$\dot{s}_{23}(t) = \frac{1}{2}e_2(t) + e_3(t) - \gamma_{23}\left(\frac{1}{2}h_2(t) + h_3(t)\right) - \delta_{23}s_{23}(t) + \varphi_1 s_1(t)$$

$$(8.40)$$

引用贝尔曼方程,便得

$$-W_t^{(0)23}(t,s_{23}) = \max_{e_2,e_3,h_2,h_3}\left\{ \left[ \frac{1}{2}e_2^{(0)*}(t)\left(b_2 - \frac{1}{4}e_2^{(0)*}(t)\right) + e_3^{(0)*}(t)\left(b_3 - \frac{1}{2}e_3^{(0)*}(t)\right) - \right. \right.$$

$$\left. \pi_{23}s_{23} - \frac{1}{2}a_{23}\left(\frac{1}{2}h_2^{(0)*}(t) + h_3^{(0)*}(t)\right)^2 \right]e^{-rt} +$$

$$W_{s_{23}}^{(0)23}(t,s_{23})\left[\frac{1}{2}e_2^{(0)*}(t)+e_3^{(0)*}(t)-\gamma_{23}\left(\frac{1}{2}h_2^{(0)*}(t)+\right.\right.$$

$$\left.\left.h_3^{(0)*}(t)\right)-\delta_{23}s_{23}+\varphi_1 s_1\right]\right\} \tag{8.41}$$

对式(8.41)进行最大化,便得

$$e_2^{(0)*}(t)=2b_2+2W_{s_{23}}^{(0)}(t,s_{23})e^{rt}\qquad e_3^{(0)*}(t)=b_3+W_{s_{23}}^{(0)}(t,s_{23})e^{rt}$$

$$\frac{1}{2}h_2^{(0)*}(t)+h_3^{(0)*}(t)=-\frac{\gamma_{23}}{a_{23}}W_{s_{23}}^{(0)}(t,s_{23})e^{rt} \tag{8.42}$$

联盟(2,3)在时区$[0,T]$的利润函数为

$$W^{(0)23}(t,s_{23})=e^{-rt}[A_{23}(t)s_{23}+B_{23}(t)] \tag{8.43}$$

式(8.43)中的$A_{23}(t)$、$B_{23}(t)$必须满足的动态系统和边际条件为

$$\dot{A}_{23}(t)=\pi_{23}+(r+\delta_{23})A_{23}(t)$$

$$\dot{B}_{23}(t)=rB_{23}(t)-\left(\frac{\gamma_{23}^2}{2a_{23}}+1\right)A_{23}(t)^2-(b_2+b_3+\varphi_1 s_1)A_{23}(t)-$$

$$\frac{1}{2}b_2^2-\frac{1}{2}b_3^2 \tag{8.44}$$

该博弈的反馈纳什均衡可以表示为

$$e_2^{(0)*}(t)=2b_2+2A_{23}(t)\qquad e_3^{(0)*}(t)=b_3+A_{23}(t)$$

$$\frac{1}{2}h_2^{(0)*}(t)+h_3^{(0)*}(t)=-\frac{\gamma_{23}}{a_{23}}A_{23}(t) \tag{8.45}$$

各地区在各个时间点获得的期望利润$\varepsilon^{(\tau)i}(\tau,s_\tau)$可以表示为

$$\varepsilon^{(\tau)2}(\tau,s_{23\tau}^*)=\frac{A_2(\tau)s_{23\tau}^*+B_2(\tau)}{A_2(\tau)s_{23\tau}^*+B_2(\tau)+A_3(\tau)s_{23\tau}^*+B_3(\tau)}\times[A_{23}(\tau)s_{23\tau}^*+B_{23}(\tau)]$$

$$\varepsilon^{(\tau)3}(\tau,s_{23\tau}^*)=\frac{A_3(\tau)s_{23\tau}^*+B_3(\tau)}{A_2(\tau)s_{23\tau}^*+B_2(\tau)+A_3(\tau)s_{23\tau}^*+B_3(\tau)}\times[A_{23}(\tau)s_{23\tau}^*+B_{23}(\tau)]$$

$$\tag{8.46}$$

两地区在时间点$\tau$获得的瞬时利润可以分别表示为

$$P_2'(\tau)=-\frac{(\dot{A}_2(\tau)s_{23\tau}^*+\dot{B}_2(\tau))(A_2(\tau)s_{23\tau}^*+B_2(\tau)+A_3(\tau)s_{23\tau}^*+B_3(\tau))-(A_2(\tau)s_{23\tau}^*+B_2(\tau))(\dot{A}_2(\tau)s_{23\tau}^*+\dot{B}_2(\tau)+\dot{A}_3(\tau)s_{23\tau}^*+\dot{B}_3(\tau))}{(A_2(\tau)s_{23\tau}^*+B_2(\tau)+A_3(\tau)s_{23\tau}^*+B_3(\tau))^2}\times$$

$$(A_{23}(\tau)s_{23\tau}^*+B_{23}(\tau))-\frac{A_2(\tau)s_{23\tau}^*+B_2(\tau)}{A_2(\tau)s_{23\tau}^*+B_2(\tau)+A_3(\tau)s_{23\tau}^*+B_3(\tau)}\times(\dot{A}_{23}(\tau)s_{23\tau}^*+\dot{B}_{23}(\tau))-$$

$$\left[\frac{A_2(\tau)(A_2(\tau)s_{23\tau}^* + B_2(\tau) + A_3(\tau)s_{23\tau}^* + B_3(\tau)) - (A_2(\tau)s_{23\tau}^* + B_2(\tau))(A_2(\tau) + A_3(\tau))}{(A_2(\tau)s_{23\tau}^* + B_2(\tau) + A_3(\tau)s_{23\tau}^* + B_3(\tau))^2} \times (A_{23}(\tau)s_{23\tau}^* + B_{23}(\tau)) + \right.$$

$$\left.\frac{A_2(\tau)s_{23\tau}^* + B_2(\tau)}{A_2(\tau)s_{23\tau}^* + B_2(\tau) + A_3(\tau)s_{23\tau}^* + B_3(\tau)} \times A_{23}(\tau)\right] \times \left[b_2 + b_3 + 2A_{23}(\tau) + \frac{\gamma_{23}^2}{a_{23}}A_{23}(\tau) - \delta_{23}s_{23\tau}^* + \varphi_1 s_{1\tau}^*\right]$$

$$P_3'(\tau) = -\frac{(\dot{A}_3(\tau)s_{23\tau}^* + \dot{B}_3(\tau))(A_2(\tau)s_{23\tau}^* + B_2(\tau) + A_3(\tau)s_{23\tau}^* + B_3(\tau)) - (A_3(\tau)s_{23\tau}^* + B_3(\tau))(\dot{A}_2(\tau)s_{23\tau}^* + \dot{B}_2(\tau) + \dot{A}_3(\tau)s_{23\tau}^* + \dot{B}_3(\tau))}{(A_2(\tau)s_{23\tau}^* + B_2(\tau) + A_3(\tau)s_{23\tau}^* + B_3(\tau))^2} \times$$

$$(A_{23}(\tau)s_{23\tau}^* + B_{23}(\tau)) - \frac{A_3(\tau)s_{23\tau}^* + B_3(\tau)}{A_2(\tau)s_{23\tau}^* + B_2(\tau) + A_3(\tau)s_{23\tau}^* + B_3(\tau)} \times (\dot{A}_{23}(\tau)s_{23\tau}^* + \dot{B}_{23}(\tau)) -$$

$$\left[\frac{A_3(\tau)(A_2(\tau)s_{23\tau}^* + B_2(\tau) + A_3(\tau)s_{23\tau}^* + B_3(\tau)) - (A_3(\tau)s_{23\tau}^* + B_3(\tau))(A_2(\tau) + A_3(\tau))}{(A_2(\tau)s_{23\tau}^* + B_2(\tau) + A_3(\tau)s_{23\tau}^* + B_3(\tau))^2} \times (A_{23}(\tau)s_{23\tau}^* + B_{23}(\tau)) + \right.$$

$$\left.\frac{A_3(\tau)s_{23\tau}^* + B_3(\tau)}{A_2(\tau)s_{23\tau}^* + B_2(\tau) + A_3(\tau)s_{23\tau}^* + B_3(\tau)} \times A_{23}(\tau)\right] \times \left[b_2 + b_3 + 2A_{23}(\tau) + \frac{\gamma_{23}^2}{a_{23}}A_{23}(\tau) - \delta_{23}s_{23\tau}^* + \varphi_1 s_{1\tau}^*\right] \quad (8.47)$$

### 8.3.3 大联盟型

大联盟(1,2,3)的期望利润的现值和污染存量的变化可以分别表示为

$$\max_{\substack{e_1,e_2,e_3 \\ h_1,h_2,h_3}} W = \int_0^T \left[e_1(t)\left(b_1 - \frac{1}{2}e_1(t)\right) + e_2(t)\left(b_2 - \frac{1}{2}e_2(t)\right) + e_3(t)\left(b_3 - \frac{1}{2}e_3(t)\right) - \right.$$

$$\left. \pi s(t) - \frac{1}{2}a(h_1(t) + h_2(t) + h_3(t))^2\right]e^{-rT}dt$$

$$\dot{s}(t) = e_1(t) + e_2(t) + e_3(t) - \gamma(h_1(t) + h_2(t) + h_3(t)) - \delta s(t) \quad (8.48)$$

引用贝尔曼方程,便得

$$-W_t^{(0)}(t,s) = \max_{\substack{e_1,e_2,e_3 \\ h_1,h_2,h_3}} \left\{\left[e_1^{(0)*}(t)\left(b_1 - \frac{1}{2}e_1^{(0)*}(t)\right) + e_2^{(0)*}(t)\left(b_2 - \frac{1}{2}e_2^{(0)*}(t)\right) + \right.\right.$$

$$e_3^{(0)*}(t)\left(b_3 - \frac{1}{2}e_3^{(0)*}(t)\right) - \pi s - \frac{1}{2}a(h_1^{(0)*}(t) + h_2^{(0)*}(t) +$$

$$h_3^{(0)*}(t))^2\Big]e^{-rt} + W_s^{(0)}(t,s)\big[e_1^{(0)*}(t) + e_2^{(0)*}(t) + e_3^{(0)*}(t) -$$

$$\gamma(h_1^{(0)*}(t) + h_2^{(0)*}(t) + h_3^{(0)*}(t)) - \delta s\big]\Big\} \quad (8.49)$$

对式(8.49)进行最大化,便得

$$e_1^{(0)*}(t) = b_1 + W_s^{(0)}(t,s)e^{rt} \quad e_2^{(0)*}(t) = b_2 + W_s^{(0)}(t,s)e^{rt}$$

$$e_3^{(0)*}(t) = b_3 + W_s^{(0)}(t,s)e^{rt} \quad h_1^{(0)*}(t) + h_2^{(0)*}(t) + h_3^{(0)*}(t) = -\frac{\gamma}{a}W_s^{(0)}(t,s)e^{rt}$$

$$(8.50)$$

三地区在时区$[0,T]$的利润函数为

$$W^{(0)}(t,s) = e^{-rt}[A(t)s + B(t)] \tag{8.51}$$

式(8.51)中的$A(t)$、$B(t)$必须满足的动态系统和边际条件为

$$\dot{A}(t) = \pi + (r+\delta)A(t)$$

$$\dot{B}(t) = rB(t) - \left(\frac{\gamma^2}{2a} + \frac{3}{2}\right)A(t)^2 - (b_1+b_2+b_3)A(t) - \frac{1}{2}b_1^2 - \frac{1}{2}b_2^2 - \frac{1}{2}b_3^2$$

$$(8.52)$$

该博弈的反馈纳什均衡可以表示为

$$e_1^{(0)*}(t) = b_1 + A(t) \quad e_2^{(0)*}(t) = b_2 + A(t)$$

$$e_3^{(0)*}(t) = b_3 + A(t) \quad h_1^{(0)*}(t) + h_2^{(0)*}(t) + h_3^{(0)*}(t) = -\frac{\gamma}{a}A(t) \tag{8.53}$$

各地区在各个时间点获得的利润$\varepsilon^{(\tau)i}(\tau,s_\tau)$可以表示为

$$\varepsilon^{(\tau)1}(\tau,s_\tau^*) = \frac{A_1(\tau)s_\tau^* + B_1(\tau)}{A_1(\tau)s_\tau^* + B_1(\tau) + A_2(\tau)s_\tau^* + B_2(\tau) + A_3(\tau)s_\tau^* + B_3(\tau)} \times$$
$$[A(\tau)s_\tau^* + B(\tau)]$$

$$\varepsilon^{(\tau)2}(\tau,s_\tau^*) = \frac{A_2(\tau)s_\tau^* + B_2(\tau)}{A_1(\tau)s_\tau^* + B_1(\tau) + A_2(\tau)s_\tau^* + B_2(\tau) + A_3(\tau)s_\tau^* + B_3(\tau)} \times$$
$$[A(\tau)s_\tau^* + B(\tau)]$$

$$\varepsilon^{(\tau)3}(\tau,s_\tau^*) = \frac{A_3(\tau)s_\tau^* + B_3(\tau)}{A_1(\tau)s_\tau^* + B_1(\tau) + A_2(\tau)s_\tau^* + B_2(\tau) + A_3(\tau)s_\tau^* + B_3(\tau)} \times$$
$$[A(\tau)s_\tau^* + B(\tau)] \tag{8.54}$$

各地区在时间点$\tau$获得的瞬时利润为

$$P_1^i(\tau) = -\frac{(A_1(\tau)s_\tau^* + B_1(\tau))(\dot{A}_1(\tau)s_\tau^* + \dot{B}_1(\tau) + \dot{A}_2(\tau)s_\tau^* + \dot{B}_2(\tau) + \dot{A}_3(\tau)s_\tau^* + \dot{B}_3(\tau)) - (A_1(\tau)s_\tau^* + B_1(\tau))(\dot{A}_1(\tau)s_\tau^* + \dot{B}_1(\tau) + \dot{A}_2(\tau)s_\tau^* + \dot{B}_2(\tau) + \dot{A}_3(\tau)s_\tau^* + \dot{B}_3(\tau))}{(A_1(\tau)s_\tau^* + B_1(\tau) + A_2(\tau)s_\tau^* + B_2(\tau) + A_3(\tau)s_\tau^* + B_3(\tau))^2} \times$$

$$(A(\tau)s_\tau^* + B(\tau)) - \frac{A_1(\tau)s_\tau^* + B_1(\tau)}{A_1(\tau)s_\tau^* + B_1(\tau) + A_2(\tau)s_\tau^* + B_2(\tau) + A_3(\tau)s_\tau^* + B_3(\tau)} \times (\dot{A}(\tau)s_\tau^* + \dot{B}(\tau)) -$$

$$\left[ \frac{A_1(\tau)(A_1(\tau)s_\tau^* + B_1(\tau) + A_2(\tau)s_\tau^* + B_2(\tau) + A_3(\tau)s_\tau^* + B_3(\tau)) - (A_1(\tau)s_\tau^* + B_1(\tau))(A_1(\tau) + A_2(\tau) + A_3(\tau))}{(A_1(\tau)s_\tau^* + B_1(\tau) + A_2(\tau)s_\tau^* + B_2(\tau) + A_3(\tau)s_\tau^* + B_3(\tau))^2} \times \right.$$

$$\left. (A(\tau)s_\tau^* + B(\tau)) + \frac{A_1(\tau)s_\tau^* + B_1(\tau)}{A_1(\tau)s_\tau^* + B_1(\tau) + A_2(\tau)s_\tau^* + B_2(\tau) + A_3(\tau)s_\tau^* + B_3(\tau)} \times A(\tau) \right] \times$$

$$\left[ b_1 + b_2 + b_3 + 3A(\tau) + \frac{\gamma^2}{a}A(\tau) - \delta s_\tau^* \right]$$

$$p_2''(\tau) = -\frac{(\dot{A}_2(\tau)s_\tau^* + \dot{B}_2(\tau))(A_1(\tau)s_\tau^* + B_1(\tau) + A_2(\tau)s_\tau^* + B_2(\tau) + A_3(\tau)s_\tau^* + B_3(\tau)) - (A_2(\tau)s_\tau^* + B_2(\tau))(\dot{A}_1(\tau)s_\tau^* + \dot{B}_1(\tau) + \dot{A}_2(\tau)s_\tau^* + \dot{B}_2(\tau) + \dot{A}_3(\tau)s_\tau^* + \dot{B}_3(\tau))}{(A_1(\tau)s_\tau^* + B_1(\tau) + A_2(\tau)s_\tau^* + B_2(\tau) + A_3(\tau)s_\tau^* + B_3(\tau))^2} \times$$

$$(A(\tau)s_\tau^* + B(\tau)) - \frac{A_2(\tau)s_\tau^* + B_2(\tau)}{A_1(\tau)s_\tau^* + B_1(\tau) + A_2(\tau)s_\tau^* + B_2(\tau) + A_3(\tau)s_\tau^* + B_3(\tau)} \times (\dot{A}(\tau)s_\tau^* + \dot{B}(\tau)) -$$

$$\left[ \frac{A_2(\tau)(A_1(\tau)s_\tau^* + B_1(\tau) + A_2(\tau)s_\tau^* + B_2(\tau) + A_3(\tau)s_\tau^* + B_3(\tau)) - (A_2(\tau)s_\tau^* + B_2''(\tau))(A_1(\tau) + A_2(\tau) + A_3(\tau))}{(A_1(\tau)s_\tau^* + B_1(\tau) + A_2(\tau)s_\tau^* + B_2(\tau) + A_3(\tau)s_\tau^* + B_3(\tau))^2} \times \right.$$

$$\left. (A(\tau)s_\tau^* + B(\tau)) + \frac{A_2(\tau)s_\tau^* + B_2(\tau)}{A_1(\tau)s_\tau^* + B_1(\tau) + A_2(\tau)s_\tau^* + B_2(\tau) + A_3(\tau)s_\tau^* + B_3(\tau)} \times A(\tau) \right] \times$$

$$\left[ b_1 + b_2 + b_3 + 3A(\tau) + \frac{\gamma^2}{a}A(\tau) - \delta s_\tau^* \right]$$

$$p_3''(\tau) = -\frac{(\dot{A}_3(\tau)s_\tau^* + \dot{B}_3(\tau))(A_1(\tau)s_\tau^* + B_1(\tau) + A_2(\tau)s_\tau^* + B_2(\tau) + A_3(\tau)s_\tau^* + B_3(\tau)) - (A_3(\tau)s_\tau^* + B_3(\tau))(\dot{A}_1(\tau)s_\tau^* + \dot{B}_1(\tau) + \dot{A}_2(\tau)s_\tau^* + \dot{B}_2(\tau) + \dot{A}_3(\tau)s_\tau^* + \dot{B}_3(\tau))}{(A_1(\tau)s_\tau^* + B_1(\tau) + A_2(\tau)s_\tau^* + B_2(\tau) + A_3(\tau)s_\tau^* + B_3(\tau))^2} \times$$

$$(A(\tau)s_\tau^* + B(\tau)) - \frac{A_3(\tau)s_\tau^* + B_3(\tau)}{A_1(\tau)s_\tau^* + B_1(\tau) + A_2(\tau)s_\tau^* + B_2(\tau) + A_3(\tau)s_\tau^* + B_3(\tau)} \times (\dot{A}(\tau)s_\tau^* + \dot{B}(\tau)) -$$

$$\left[ \frac{A_3(\tau)(A_1(\tau)s_\tau^* + B_1(\tau) + A_2(\tau)s_\tau^* + B_2(\tau) + A_3(\tau)s_\tau^* + B_3(\tau)) - (A_3(\tau)s_\tau^* + B_3(\tau))(A_1(\tau) + A_2(\tau) + A_3(\tau))}{(A_1(\tau)s_\tau^* + B_1(\tau) + A_2(\tau)s_\tau^* + B_2(\tau) + A_3(\tau)s_\tau^* + B_3(\tau))^2} \times \right.$$

$$\left. (A(\tau)s_\tau^* + B(\tau)) + \frac{A_3(\tau)s_\tau^* + B_3(\tau)}{A_1(\tau)s_\tau^* + B_1(\tau) + A_2(\tau)s_\tau^* + B_2(\tau) + A_3(\tau)s_\tau^* + B_3(\tau)} \times A(\tau) \right] \times$$

$$\left[ b_1 + b_2 + b_3 + 3A(\tau) + \frac{\gamma^2}{a}A(\tau) - \delta s_\tau^* \right] \tag{8.55}$$

# 8.4 算例分析

## 8.4.1 算例参数

由于三地区分别代表流域的上、中、下游地区,经济发展水平差异明显,由此带来的环境治理程度也不同。在设置各项参数时充分考虑到这一点,尽可能做到符合地区发展的实情。假设算例中涉及的参数[144]如下:

$$a_1 = 0.5, a_2 = 1, a_3 = 1.5, a_{12} = 1.5, \ a_{23} = 2, a = 2$$

$$b_1 = 20, b_2 = 40, b_3 = 60$$

$$h_1(1) = h_1(2) = h_1(3) = 10,$$

$$h_2(1) = h_2(2) = h_2(3) = 20,$$

$$h_3(1) = h_3(2) = h_3(3) = 30$$

$$\gamma_1 = 0.5, \gamma_2 = 1, \gamma_3 = 1.5, \gamma_{12} = 1.5, \gamma_{23} = 2, \gamma = 2$$

$$\pi_1 = 4, \pi_2 = 5, \pi_3 = 6,$$

$$\pi_{12} = 9, \pi_{23} = 11, \ \pi = 15$$

$$s_{11} = 20, s_{21} = 30, s_{31} = 40$$

$$\delta_1 = \delta_2 = \delta_3 = \delta_{12} = \delta_{23} = \delta = 0.1$$

$$\varphi_1 = \varphi_2 = \varphi_{12} = 0.1$$

$$r = 0.05$$

各地区污染排放量如表 8.1 所示。

表 8.1 各地区污染排放量

| 时　间 | 地区 1 | 地区 2 | 地区 3 |
|---|---|---|---|
| $t = 1$ | 20 | 30 | 40 |
| $t = 2$ | 30 | 40 | 50 |
| $t = 3$ | 40 | 50 | 60 |

3 种类型的利润函数初始系数如表 8.2 所示。

表 8.2　3 种类型的利润函数初始系数

| 时　间 | 联盟类型 | 地　区 | 初始值 |
|---|---|---|---|
| $t = 1$ | 自给自足型 | 1 | $A_1(t) = -6, B_1(t) = 20$ |
| | | 2 | $A_2(t) = -8, B_2(t) = 30$ |
| | | 3 | $A_3(t) = -10, B_3(t) = 40$ |
| | 两两联盟型 | 1、2 | $A_{12}(t) = -14, B_{12}(t) = 50$ |
| | | 2、3 | $A_{23}(t) = -18, B_{23}(t) = 70$ |
| | 大联盟型 | 1、2、3 | $A(t) = -24, B(t) = 90$ |

## 8.4.2　计算结果

根据以上参数,可以分别计算出三地区在不同合作模式下的各地区的期望利润(见表 8.3—表 8.7)。

表 8.3　自给自足型下各地区的期望利润

| $t$ | 地区 1 | | | | 地区 2 | | | | 地区 3 | | | |
|---|---|---|---|---|---|---|---|---|---|---|---|---|
| | $s_{1\tau}^*$ | $A_1(\tau)$ | $B_1(\tau)$ | $P_1(\tau)$ | $s_{2\tau}^*$ | $A_2(\tau)$ | $B_2(\tau)$ | $P_2(\tau)$ | $s_{3\tau}^*$ | $A_3(\tau)$ | $B_3(\tau)$ | $P_3(\tau)$ |
| 1 | 20 | −6 | 20 | 98 | 30 | −8 | 30 | 597 | 40 | −10 | 40 | 1 453 |
| 2 | 31 | −3 | 657 | 41 | 36 | −5 | 1 579 | 525 | 34 | −5 | 3 058 | 1 420 |
| 3 | 50 | 0.5 | 1 855 | −94 | 52 | −0.2 | 4 700 | 305 | 39 | 0.5 | 8 559 | 1 137 |

表 8.4　联盟(1,2)中两地区的期望利润

| $t$ | $s_{12\tau}^*$ | $A_{12}(\tau)$ | $B_{12}(\tau)$ | 地区 1 | | | 地区 2 | | |
|---|---|---|---|---|---|---|---|---|---|
| | | | | $A_1(\tau)$ | $B_1(\tau)$ | $P_1'(\tau)$ | $A_2(\tau)$ | $B_2(\tau)$ | $P_2'(\tau)$ |
| 1 | 50 | −14 | 50 | −6 | 20 | −70 | −8 | 30 | 309 |
| 2 | 45 | −8 | 2 278 | −3 | 657 | −1 | −5 | 1 579 | 388 |
| 3 | 56 | 0.3 | 9 266 | 0.5 | 1 855 | −115 | −0.2 | 4 700 | 612 |

表8.5　联盟(2,3)中两地区的期望利润

| $t$ | $s_{23\tau}^*$ | $A_{23}(t)$ | $B_{23}(t)$ | 地区2 | | | 地区3 | | |
|---|---|---|---|---|---|---|---|---|---|
| | | | | $A_2(\tau)$ | $B_2(\tau)$ | $P_2''(\tau)$ | $A_3(\tau)$ | $B_3(\tau)$ | $P_3'(\tau)$ |
| 1 | 70 | −18 | 70 | −8 | 30 | 293 | −10 | 40 | 949 |
| 2 | 40 | −9 | 6 935 | −5 | 1 579 | 532 | −5 | 3 058 | 1 138 |
| 3 | 29 | 1 | 23 537 | −0.2 | 4 700 | 148 | 0.5 | 8 559 | 953 |

表8.6　两两联盟型下各地区的期望利润

| $t$ | 地区1 | 地区2 | | | 地区3 |
|---|---|---|---|---|---|
| | $P_1'(\tau)$ | $P_2'(\tau)$ | $P_2''(\tau)$ | $P_2'(\tau) + P_2''(\tau)$ | $P_3'(\tau)$ |
| 1 | −70 | 309 | 293 | 602 | 949 |
| 2 | −1 | 388 | 532 | 920 | 1 138 |
| 3 | −115 | 612 | 148 | 760 | 953 |

表8.7　大联盟型下各地区的期望利润

| $t$ | $s_\tau^*$ | $A(t)$ | $B(t)$ | 地区1 | | | 地区2 | | | 地区3 | | |
|---|---|---|---|---|---|---|---|---|---|---|---|---|
| | | | | $A_1(\tau)$ | $B_1(\tau)$ | $P_1''(\tau)$ | $A_2(\tau)$ | $B_2(\tau)$ | $P_2''(\tau)$ | $A_3(\tau)$ | $B_3(\tau)$ | $P_3''(\tau)$ |
| 1 | 90 | −24 | 90 | −6 | 20 | −348 | −8 | 30 | −47 | −10 | 40 | 509 |
| 2 | 51 | −12 | 6 264 | −3 | 657 | 11 | −5 | 1 579 | 417 | −5 | 3 058 | 964 |
| 3 | 46 | 3 | 32 588 | 0.5 | 1 855 | −584 | −0.2 | 4 700 | 51 | 0.5 | 8 559 | 985 |

## 8.4.3　结果分析

根据以上计算结果可以看出：

①自给自足型中,地区1和地区2在各时间点的污染存量仍在增加,而且增幅在加大,这说明污染治理远赶不上生产带来的污染排放量的增加;地区3的污染存量有明显下降趋势,这应该是得益于该地区的经济实力强和治污负担轻。每个地区都仅从地区实际出发投资环境项目,上游地区治理任务最重,经济状况却最落后,而下游地区充分享受上游地区和中游地区的治理成果,经济又最繁

荣,由此从各时间点利润值比较来看,上游地区低于中游地区,中游地区低于下游地区。随着各地区投资环境项目治理的深入,研究时间段内各地区的利润呈现下降的趋势,这是前期投资必然的结果。

②两两联盟型与自给自足型相比,它们的相同之处在于,各地区在各时间点的利润依然是上游地区低于中游地区,中游地区低于下游地区。由此证明,地理位置的差异、经济发展水平的高低和治理任务的轻重直接影响各地区的利润值。不同之处在于,各时间点的利润明显低于自给自足型,这是因为两两合作使得治理流域水污染的力度加大,导致成本增加、利润值减少。相比于自给自足型中相应两地区的污染存量,联盟(1,2)和联盟(2,3)的污染存量除了初始时间外都有明显下降,这说明合作治理污染更有利于改善水环境。比较形成的两个联盟还发现,联盟(1,2)的污染存量虽然在增加,但增幅放缓,而联盟(2,3)的污染存量始终在下降,这同样是地区经济差异和治理程度不同所致。

③大联盟型与自给自足型和两两联盟型相比,虽然污染存量在下降,但三地区在各时间点的利润值不仅低于两两联盟型,更是低于自给自足型。这就意味着通过投资环境项目,污染治理虽有成效,但由于合作面大,成本增加,进而导致利润降低。

综上可以发现,地区间的合作并不是规模越大越好,两两联盟比大联盟更能发挥联合投资污染治理的成效,实现联盟地区真正共赢的良好局面。

# 8.5 本章小结

随着城市化和工业化进程的加速,流域水污染治理已经成为关系到国家未来社会经济健康发展的关键问题。从表面上看,工业和城市生活污染物排放量增加、流域生态系统功能退化等是水环境污染的直接原因,但是从水资源可持续利用与管理,以及环境保护的公共服务角度来审视,造成流域环境问题的内在原因是缺乏对流域水资源与水环境的综合管理。我国流域大多跨多个行政区域,对水污染的治理基本上是地区单独行动,由于上游和下游的经济发展水平差异大,污染问题纷乱复杂,因此上下游、干支流、水质水量等各方面的利益冲突频发。本章以保护流域生态环境为宗旨,着眼于解决跨地区的流域管理模式的创新,运用微分博弈模型,提出流域水污染治理可以选择的 3 种区域联盟模式,并进行了深入细致的分析,特别是对不同模式下的行为主体的行为特征、策略选择及均衡进行了充分描述,并通过数值算例对不同模式下的治理成效进行差异分析,得出联盟合作并非参与者越多越好,两两联盟更有利于实现双方共赢,这就彻底打破了传统固有观念,为流域水环境治理提供了全新有力的理论参考。

# 9 跨行政区流域水污染防治激励政策研究

## 9.1 概 述

改革开放以来,我国经济持续快速增长,综合国力明显增强,人民生活水平大幅度提高,社会主义现代化建设取得举世公认的伟大成就。然而传统的以"高投入、高消耗、高排放、高污染"为特征的粗放型经济增长方式,不仅浪费资源、污染环境、破坏生态平衡,而且不利于经济社会全面、协调、可持续发展。自党的十四届五中全会确立实现经济增长方式根本性转变的战略方针以来,我国虽然已在这方面取得不少成效,但从总体上看,经济增长方式尚未实现根本性转变。随着经济增长速度加快,增长方式粗放的问题更加突出,资源环境面临的压力越来越大。党的十八大报告指出,以科学发展为主题,以加快转变经济发展方式为主线,是关系我国发展全局的战略抉择。而转变经济发展方式,最迫切的任务就是节能减排,两者相互关联,相互促进。一方面只有加快经济发展方式转变才能把过高的能源消耗和污染排放降下来,另一方面,抓好节能减排是转变经济发展方式切实有效的突破口。

为了更好地实现节能减排的目标,企业必须坚持做到"三个依靠"。一要依靠政策。政府一方面可以通过制定监管标准和向企业征税等手段推进节能减排,比如对石油、钢铁、化工等行业制定相应的能源消耗和污染物排放的标准,并征收能源税、碳税、污水税等,另一方面可以通过采取各种公共干预措施促进节能减排技术的发展,比如采取给予补贴、鼓励合作、知识产权保护等一系列措施鼓励技术进步。二要依靠投入。节能减排需要企业投入大量的资金用于技术研发。三要依靠科技。核心技术必须通过不断自主创新才能获得。由于投入和科技在很大程度上依赖于政策的安排,再加上环境和技术具有外部性的特征,因此必须加大政策的激励作用。实施节能减排的激励政策可以划分为两类:一类是环境政策,比如针对环境外部性的征收排放税;另一类是技术激励政策,比如针对技术知识的外部性的补贴和合作。具体而言,补贴政策解决的是技术研发的市场失灵问题。通过政府向企业提供补贴,可以有效降低企业的研发成本(或提高企业的研发收益),以鼓励企业不断进行技术创新。合作政策解决的是信息共享的市场失灵问题。通过政府鼓励在企业间、企业与高校间、企业与研究机构间展开技术创新合作,可以有效避免企业技术研发过程中出现的过度投资或投资不足。由于一国的环境政策在制定后较长的一段时间内必须保持相对稳定,因此各地区通过制定合理的技术激励政策对实现节能减排将具有更大的可行性和自主性[150]。

早期关于技术研发的文献主要以生产工艺研发为主,通过不断改进生产工艺,降低能源消耗,提高经济效益。D'Aspremont 和 Jacquemin[151]通过设计一个两阶段博弈模型,分析双寡头市场中厂商在两阶段竞争、两阶段合作和仅在研发阶段合作 3 种不同的合作政策下取得的研发水平、产出及社会福利问题,发现在溢出效果显著时,厂商选择两阶段都合作将获得最高的研发水平、产量及社会福利。Kamien[152]等利用两阶段博弈,分析了研发竞争、研发卡特尔、竞争研发联盟、卡特尔研发联盟 4 种不同研发竞合模式下技术进步与社会福利的多寡。Martin[153]研究得出由于研发受吸收能力的影响,企业间技术溢出的比例是完全内生的,并且企业研发投资行为在考虑吸收能力和不考虑吸收能力的模型中是完全不同的。郭焱等[154]通过分析企业间不联盟合作、全联盟合作和半联盟合作 3 种不同的竞争战略的博弈模型,探讨企业为降低生产成本的联盟形式的选择问题。霍沛军等[155]考虑一个带有研发溢出的双寡头模型,分别就双寡头生产研发不合作与合作两种情况,给出了政府为取得最大社会福利而对研发进行补贴的效应。随着对环境保护和污染治理的关注日益加深,学者们开始做一些有关污染减排研发的研究。Ulph[156]考察了环境政策对研发的激励作用,并比较了排放税和减排标准两种政策的效果。Petrakis[157]的研究侧重在因降低成本而生产更多产品导致更多污染的问题上,对分别应用补贴和合作两种技术政策的效果进行了比较。Poyago-Theotoky[158]研究了在研发竞争和合作条件下对内生的排放税的影响,比较了内生排放税下企业采取不同研发组织形式的研发水平、利润和社会福利。Slim[159]考虑了政府和厂商间非合作的对称的三阶段博弈,研究表明企业在共同市场竞争,同时允许研发溢出,可以更好地帮助不合作的地区内部化跨界污染。国内学者研究减排研发较少,以孟卫军的研究最具代表性。他在外生的排放税的条件下,对企业减排研发分别实施补贴和合作的技术政策,并对其效应进行了分析比较[160];分别对合作和不合作减排研发情形的政府研发补贴进行研究[161]可以发现,学者们研究污染减排研发都没有考虑生产工艺研发,而企业在实际生产过程中,一方面需要通过污染减排研发减少税负,另一方面需要通过生产工艺研发降低能源消耗。而且随着生产的进一步扩大,即使单位产品产生的污染量降低了,但总的污染量会因为产量的增加而提高。可见生产工艺研发和污染减排研发活动联系紧密,不能分离。

本章在外生的排放税的条件下,分别研究了政府采取补贴和合作两种激励政策下的企业生产工艺研发和污染减排研发,为找到有效的技术激励政策提供了有力参考。

## 9.2 基本假设与变量设计

考虑分别来自流域相邻两地区且生产同质产品的两个寡头企业组成的行业。企业一方面需要通过研发改进生产工艺,减少能源消耗,降低生产成本(称为生产工艺研发);另一方面由于产品在生产过程中会排放对环境有害的污染物,政府会根据污染物排放的多少征收排放税,企业为了减轻税负,必须通过研发提高污染减排水平(称为污染减排研发)。两企业的研发活动相互间均有技术溢出发生。

假设1:两企业的线性反需求函数为

$$P = a - q_i - q_j \qquad i \neq j, \, i, j = 1, 2$$

其中,$a$ 为市场容量。

假设2:两企业的成本函数是由相互独立的生产成本减去通过生产工艺研发减少的生产成本,再加上生产工艺研发成本和污染减排研发成本得到的,即

$$C_i = cq_i - (x_i + kx_j)q_i + \frac{x_i^2}{2} + \frac{y_i^2}{2} \tag{9.1}$$

式(9.1)中,右边第一项中的 $c$ 为单位生产成本,$a > c$;第二项为企业依靠自身的生产工艺研发和竞争对手的生产工艺研发溢出减少的生产成本,$x_i$ 代表通过生产工艺研发减少的单位生产成本,$k$ 为生产工艺研发溢出率($0 \leqslant k \leqslant 1$),$c > x_i + kx_j$;第三项为生产工艺研发成本,这里设为二次式以反映研发支出的报酬递减特性;第四项为污染减排研发成本,$y_i$ 代表通过污染减排研发减少的污染物排放量。

假设3:借鉴 Ulph 对污染排放量和产量关系的处理方法,假定单位产量产生单位污染排放量,可得企业污染物排放量和产量的关系,即

$$E_i = q_i - y_i - \sigma y_j, q_i > y_i + \sigma y_j \qquad 0 \leqslant \sigma \leqslant 1, i \neq j, i, j = 1, 2 \tag{9.2}$$

其中,$\sigma$ 为污染减排研发溢出率。

假设4:企业排放的污染物将对本地区和相邻地区的生态环境同时造成破坏,因此各地区遭受的污染破坏是本地区和相邻地区排放的污染物对本地区共同作用的结果。各地区的污染破坏成本可以表示为

$$D_i = \alpha E_i + \beta E_j = \alpha(q_i - y_i - \sigma y_j) + \beta(q_j - y_j - \sigma y_i) \tag{9.3}$$

其中,$\alpha$ 为本地区造成的污染的边际破坏成本,$\beta$ 为相邻地区对本地区造成的污染的边际破坏成本。

## 9.3  模型构建

### 9.3.1  补贴政策下的生产工艺研发和污染减排研发

政府采取对企业的生产工艺研发和污染减排研发分别进行补贴的技术激励政策时,其博弈过程可以描述为:第一阶段政府预先设定给予企业的研发补贴率,第二阶段企业确定分别用于生产工艺研发和污染减排研发的投入水平,第三阶段企业在产品市场上进行竞争。博弈的均衡解可以通过逆向归纳法求得。补贴政策下企业的成

$$C_{ssi} = \qquad \qquad \frac{(1-d)x_{ssi}^2}{2} + \frac{(1-s)y_{ssi}^2}{2} \qquad (9.4)$$

其中,$d$ 为生产工艺………减排研发补贴率,且 $0 < d, s < 1, x_{ssi} + kx_{ssj} < c$。

在第三阶段,企业在产品市场上展开竞争,选择产量最大化利润,即

$$V_{ssi} = (a - q_{ssi} - q_{ssj})q_{ssi} - (c - x_{ssi} - kx_{ssj})q_{ssi} - \frac{(1-d)x_{ssi}^2}{2} -$$

$$\frac{(1-s)y_{ssi}^2}{2} - t(q_{ssi} - y_{ssi} - \sigma y_{ssj}) \qquad (9.5)$$

由式(9.5)的一阶条件 $\frac{\partial V_{ssi}}{\partial q_{ssi}} = \frac{\partial V_{ssj}}{\partial q_{ssj}} = 0$,可以得到最优的产量和利润,即

$$q_{ssi} = \frac{A - t + 2(x_{ssi} + kx_{ssj}) - (x_{ssj} + kx_{ssi})}{3} \qquad (9.6)$$

其中,$i \neq j$, $i=1,2$;$A=a-c$。将式(9.6)代入式(9.5),可得

$$V_{ssi} = q_{ssi}^2 - \frac{(1-d)x_{ssi}^2}{2} - \frac{(1-s)y_{ssi}^2}{2} + t(y_{ssi} + \sigma y_{ssj}) \qquad (9.7)$$

由式(9.7)可以看出,最优产量和生产工艺研发水平有关,和污染减排研发

水平无关。随着排放税的增加,产量会下降,利润会增加。

在第二阶段,企业选择研发水平最大化利润。对式(9.7)求关于生产工艺研发水平的一阶偏导,由 $\dfrac{\partial V_{ssi}}{\partial x_{ssi}} = 0$ 可解得

$$\frac{2(2-k)[A - t + 2(x_{ssi} + kx_{ssj}) - (x_{ssj} + kx_{ssi})]}{9} - (1-d)x_{ssi} = 0 \quad (9.8)$$

在对称均衡条件下有 $x_{ssi}^* = x_{ssj}^* = x_{ss}^*$,代入式(9.8)可解得最优生产工艺研发水平,即

$$x_{ss}^* = \frac{2(2-k)(A-t)}{9(1-d) - 2(2-k)(1+k)} \quad (9.9)$$

其中,$9(1-d) - 2(2-k)(1+k) > 0, A > t$。

将式(9.9)代入式(9.6),可得

$$q_{ss}^* = \frac{3(1-d)(A-t)}{9(1-d) - 2(2-k)(1+k)} \quad (9.10)$$

容易证明 $\dfrac{\partial x_{ss}^*}{\partial t} < 0, \dfrac{\partial q_{ss}^*}{\partial t} < 0$,这说明排放税越高,生产工艺研发水平和产量就会越低。

对式(9.7)求关于污染减排研发水平的一阶偏导,令 $\dfrac{\partial V_{ssi}}{\partial y_{ssi}} = 0$ 可得

$$y_{ssi}^* = y_{ssj}^* = y_{ss}^* = \frac{t}{1-s} \quad (9.11)$$

由式(9.11)看出,当 $t=0$,$y_{ssi} = 0$,表示在不征收排放税的情况下,企业不会采取任何治理污染的措施;随着排放税的提高,企业会更主动、更积极地参与污染治理。

由于企业获得的利润来自生产和污染治理两部分,在对称均衡条件下利润可以表示为

$$V_{ss}^* = V_{ssp}^* + V_{ssa}^* = V_{ssp}^* - \frac{(1-s)(y_{ss}^*)^2}{2} + t(1+\sigma) \, y_{ss}^* \quad (9.12)$$

其中,$V_{ssp}^*$ 表示通过生产获得的利润,$V_{ssa}^*$ 表示通过治污获得的利润。

易得

$$V_{ssp}^* = q_{ss}^{*2} - \frac{(1-d)x_{ss}^{*2}}{2} = \frac{(1-d)(A-t)^2[9(1-d)-2(2-k)^2]}{[9(1-d)-2(2-k)(1+k)]^2}$$

经过整理,企业获得的利润可以表示为

$$V_{ss}^* = \frac{(1-d)(A-t)^2[9(1-d)-2(2-k)^2]}{[9(1-d)-2(2-k)(1+k)]^2} + \frac{t^2(1+2\sigma)}{2(1-s)} \quad (9.13)$$

其中,$9(1-d)-2(2-k)^2 > 0$。

在第一阶段,政府选择补贴率最大化社会福利。福利函数包括生产者剩余和消费者剩余以及产生的环境破坏。为了便于讨论,假定边际破坏成本 $\alpha = \beta = \frac{A}{2}$,则福利函数为

$$W_{ss}^* = \frac{1}{2}\left\{\int_0^{2q_{ss}^*}[a-u-(c-(1+k)x_{ss}^*)]\mathrm{d}u\right\} - \frac{x_{ss}^{*2}}{2} - \frac{y_{ss}^{*2}}{2} - A[q_{ss}^* - (1+\sigma)y_{ss}^*] \quad (9.14)$$

式(9.14)等价于

$$W_{ss}^* = q_{ss}^*[A+(1+k)x_{ss}^*] - q_{ss}^{*2} - \frac{x_{ss}^{*2}}{2} - \frac{y_{ss}^{*2}}{2} - A[q_{ss}^* - (1+\sigma)y_{ss}^*] \quad (9.15)$$

将式(9.9)、式(9.10)、式(9.11)代入式(9.15),可得

$$W_{ss}^* = \frac{6(A-t)^2(1-d)(2-k)(1+k)-9(A-t)^2(1-d)^2-2(A-t)^2(2-k)^2}{[9(1-d)-2(2-k)(1+k)]^2} + \frac{2At(1-s)(1+\sigma)-t^2}{2(1-s)^2} \quad (9.16)$$

将式(9.16)最大化,通过一阶条件 $\frac{\partial W_{ss}^*}{\partial d}=0$,可解得生产工艺研发的最优补贴率为

$$d^* = 1 - \frac{6(2-k)-2(2-k)(1+k)^2}{3(1+k)} \quad (9.17)$$

易证 $\frac{\partial d^*}{\partial k} > 0$,所以生产工艺研发补贴率会随生产工艺研发溢出率的增加而增加。

对式(9.16)求一阶条件 $\frac{\partial W_{ss}^*}{\partial s}=0$,可解得污染减排研发的最优补贴率为

$$s^* = 1 - \frac{t}{A(1+\sigma)} \tag{9.18}$$

由式(9.18)可以得出，$t=0$ 时，$s^* = 1$，表示在没有征收排放税的情况下，企业不愿意承担污染减排研发的成本，政府承担所有的研发成本。由于 $\frac{\partial s^*}{\partial t} < 0$ 表示补贴率会随征收税率的提高而减少，故令 $s^* = 0$ 可得临界税率 $t^* = A(1+\sigma)$。当 $t \geq t^*$ 时，$s^* \leq 0$，政府不提供补贴；$t < t^*$ 时，$s^* > 0$，同时 $\frac{\partial t^*}{\partial \sigma} > 0$，表示临界税率随污染减排研发溢出率的提高而提高。

综上，补贴政策下企业的均衡研发水平、利润和社会福利分别为

$$x_{ss}^* = \frac{(1+k)(A-t)}{9-4(1+k)^2} \qquad 9-4(1+k)^2 > 0$$

$$y_{ss}^* = A(1+\sigma)$$

$$V_{ss}^* = \frac{(A-t)^2[3-(1+k)^2][9-3(1+k)^2-(2-k)(1+k)]}{3[9-4(1+k)^2]^2} + \frac{At(1+2\sigma)(1+\sigma)}{2}$$

$$W_{ss}^* = \frac{(A-t)^2[17(1+k)^2-4(1+k)^4-18]}{2[9-4(1+k)^2]^2} + \frac{A^2(1+\sigma)^2}{2} \tag{9.19}$$

### 9.3.2 合作政策下的生产工艺研发和污染减排研发

政府采取鼓励企业之间在生产工艺和污染减排上进行合作研发的技术激励政策时，其博弈过程为：第一阶段，两企业展开合作，实现共同利润最大化；第二阶段，两企业在产品市场展开竞争。在此政策下，两地区的企业可以完全共享研发信息，即研发溢出率达到最大值1。企业的成本函数变成如下形式：

$$C_{cci} = (c-x_{cci}-x_{ccj})q_{cci} + \frac{x_{cci}^2}{2} + \frac{y_{cci}^2}{2}, x_{cci}+x_{ccj} < c \tag{9.20}$$

在第二阶段，企业在产品市场上竞争决定最优产量，即

$$V_{cci} = (a-q_{cci}-q_{ccj})q_{cci} - (c-x_{cci}-x_{ccj})q_{cci} - \frac{x_{cci}^2}{2} - \frac{y_{cci}^2}{2} - t(q_{cci}-y_{cci}-y_{ccj})$$

$$\tag{9.21}$$

由式(9.21)的一阶条件 $\dfrac{\partial V_{cci}}{\partial q_{cci}} = \dfrac{\partial V_{ccj}}{\partial q_{ccj}} = 0$，可以得到最优的产量和利润，即

$$q_{cci} = \frac{A - t + x_{cci} + x_{ccj}}{3} \tag{9.22}$$

其中 $i \neq j$，$i = 1,2$；$A = a - c$。

$$V_{cci} = q_{cci}^2 - \frac{x_{cci}^2}{2} - \frac{y_{cci}^2}{2} + t(y_{cci} + y_{ccj}) \tag{9.23}$$

由式(9.23)可以看出，与补贴政策相同，最优产量和生产工艺研发水平有关，和污染减排研发水平无关。随着排放税的增加，产量会下降，利润会增加。

在第一阶段，企业选择研发水平最大化利润。由一阶偏导数 $\dfrac{\partial V_{cci}}{\partial x_{cci}} = 0$ 可解得

$$\frac{2(A - t + x_{cci} + x_{ccj})}{9} - x_{cci} = 0 \tag{9.24}$$

在对称均衡条件下有 $x_{cci}^* = x_{ccj}^* = x_{cc}^*$，代入式(9.24)可解得最优生产工艺研发水平为

$$x_{cc}^* = \frac{2(A - t)}{5} \tag{9.25}$$

由式(9.25)可以得到

$$q_{cc}^* = \frac{3(A - t)}{5} \tag{9.26}$$

从式(9.25)和式(9.26)可以看出，生产工艺研发水平和产量都与排放税成反比。

对式(9.23)求关于污染减排研发水平的偏导，令 $\dfrac{\partial V_{cci}^*}{\partial y_{cci}} = 0$，可得

$$y_{cci}^* = y_{ccj}^* = y_{cc}^* = t \tag{9.27}$$

由式(9.27)可以看出，$t=0$ 时，$y_{cc}^* = 0$，表示在不征收排放税的情况下，企业不会采取任何治理污染的措施；随着排放税的提高，企业会更主动、更积极地参与污染治理。

企业获得的利润可以表示成

$$V_{cc}^* = V_{ccp}^* + V_{cca}^* = V_{ccp}^* - \frac{y_{cci}^2}{2} + t(y_{cci} + y_{ccj}) \tag{9.28}$$

其中，$V_{ccp}^*$ 表示生产产生的利润，$V_{cca}^*$ 表示治污产生的利润。

易得 $V_{ccp}^* = \frac{7(A-t)^2}{25}$，整理后企业获得的利润可以表示成

$$V_{cc}^* = \frac{7(A-t)^2}{25} + \frac{3t^2}{2} \tag{9.29}$$

社会福利函数可以表示成

$$W_{cc}^* = \frac{1}{2}\left\{\int_0^{2q_{cc}^*}[a - u - (c - 2x_{cc}^*)]\,\mathrm{d}u\right\} - \frac{x_{cc}^{*2}}{2} - \frac{y_{cc}^{*2}}{2} - A(q_{cc}^* - 2y_{cc}^*) \tag{9.30}$$

式(9.30)等价于

$$W_{cc}^* = q_{cc}^*(A + 2x_{cc}^*) - q_{cc}^{*2} - \frac{x_{cc}^{*2}}{2} - \frac{y_{cc}^{*2}}{2} - A(q_{cc}^* - 2y_{cc}^*) = \frac{(A-t)^2}{25} + \frac{4At-t^2}{2} \tag{9.31}$$

综上，合作政策下企业的均衡研发水平、利润和社会福利分别为

$$x_{cc}^* = \frac{2(A-t)}{5}$$

$$y_{cc}^* = t$$

$$V_{cc}^* = \frac{7(A-t)^2}{25} + \frac{3t^2}{2}$$

$$W_{cc}^* = \frac{(A-t)^2}{25} + \frac{4At-t^2}{2} \tag{9.32}$$

## 9.4　比较和讨论

本节将根据前面的研究结果对补贴和合作两种技术激励政策下的研发水平、利润和社会福利进行分析比较。

### 9.4.1 研发水平的比较

（1）生产工艺研发水平的比较

将式（9.32）和式（9.19）中的生产工艺研发水平相减，得

$$x_{cc}^* - x_{ss}^* = \frac{2(A-t)}{5} - \frac{(1+k)(A-t)}{9-4(1+k)^2} \tag{9.33}$$

从式（9.33）可以看出，两种政策下的研发水平都与税率成递减关系，其大小取决于研发溢出率。令式（9.33）左边等于零，可以解出关于研发溢出率的二次方程，并得到以下结果：

$$k = \frac{-21 \pm \sqrt{601}}{16}$$

由于溢出率不可能为负，所以去掉负数根。故可以得出以下结论：当 $0 \leqslant k \leqslant \frac{-21+\sqrt{601}}{16}$ 时，$x_{cc}^* - x_{ss}^* \leqslant 0$；当 $\frac{-21+\sqrt{601}}{16} < k \leqslant 1$ 时，$x_{cc}^* - x_{ss}^* > 0$。这说明在生产工艺研发溢出率较低时，补贴政策下的生产工艺研发水平高于合作政策下的生产工艺研发水平；随着研发溢出率的提高，合作政策下的研发水平要高于补贴政策下的研发水平。

（2）污染减排研发水平的比较

将式（9.32）和式（9.19）中的污染减排研发水平相减，得

$$y_{cc}^* - y_{ss}^* = t - A(1+\sigma) \tag{9.34}$$

从式（9.34）可以看出，合作政策下的污染减排研发水平与税率成递增关系，补贴政策下的污染减排研发水平与税率无关。随着排放税的增加，两种政策下的污染减排研发水平差距增大。当 $t=0$ 时，$y_{cc}^* - y_{ss}^* < 0$；当 $t \to \infty$ 时，$y_{cc}^* - y_{ss}^* > 0$，故存在临界税率 $t_w^*$，使 $y_{cc}^* - y_{ss}^* = 0$，此时 $t_w^* = 2(1+\sigma)$。当 $t > t_w^*$ 时，$y_{cc}^* - y_{ss}^* > 0$ 时；当 $0 < t < t_w^*$ 时，$y_{cc}^* - y_{ss}^* < 0$。也就是说，当排放税率大于临界税率时，合作政策下的污染减排研发水平高于补贴政策下的污染减排研发水平，且随着排放税率的提高，差距逐渐变大；当排放税率小于临界税率，合作政策污染减排研发水平低于补贴政策下的污染减排研发水平。另

外，$\dfrac{\partial t_w^*}{\partial \sigma} > 0$ 说明污染减排研发溢出率与临界税率成正比。

### 9.4.2 利润的比较

将式(9.32)和式(9.19)中的利润相减,可得

$$V_{cc}^* - V_{ss}^* = \frac{7(A-t)^2}{25} + \frac{3t^2}{2} - \frac{(A-t)^2[3-(1+k)^2][9-3(1+k)^2-(2-k)(1+k)]}{3[9-4(1+k)^2]^2} -$$

$$\frac{At(1+2\sigma)(1+\sigma)}{2} \tag{9.35}$$

由于企业获得的利润是通过生产和治污两方面产生的,为了更好地比较两种政策带来的利润差异,首先分别比较两种政策下通过生产产生的利润差异和通过治污产生的利润差异,然后再对两种政策下企业获得的总利润进行比较。

(1) $V_{ccp}^*$ 和 $V_{ssp}^*$ 的比较

两种政策下企业通过生产产生的利润差异可表示为

$$V_{ccp}^* - V_{ssp}^* = \frac{7(A-t)^2}{25} - \frac{(A-t)^2[3-(1+k)^2][9-3(1+k)^2-(2-k)(1+k)]}{3[9-4(1+k)^2]^2}$$

$$\tag{9.36}$$

从式(9.36)可以看出,企业通过生产获得的利润都与排放税率成递减关系,相互的大小取决于生产工艺研发溢出率。令式(9.36)左边等于零,解得关于溢出率的方程,即

$$286k^4 + 1\,069k^3 + 354k^2 - 1\,130k + 325 = 0 \tag{9.37}$$

求解后可以得到如下结果:

$$k_1 = 0.5, k_2 = 0.425\,5$$

当 $0 \leqslant k \leqslant 0.425\,5$ 或 $0.5 \leqslant k \leqslant 1$ 时, $V_{ccp}^* \geqslant V_{ssp}^*$; 当 $0.425\,5 < k < 0.5$ 时, $V_{ccp}^* < V_{ssp}^*$。

(2) $V_{cca}^*$ 和 $V_{ssa}^*$ 的比较

两种政策下企业通过污染治理产生的利润差异可表示为

$$V_{cca}^* - V_{ssa}^* = \frac{3t^2}{2} - \frac{At(1+2\sigma)(1+\sigma)}{2} \tag{9.38}$$

两种政策下污染治理产生的利润都与排放税率成递增关系。令式(9.38)

左边等于零,可以得到两个根,即

$$t_{w1}^* = 0, \quad t_{w2}^* = \frac{A(1 + 2\sigma)(1 + \sigma)}{3}$$

容易证明以下结论:

①当 $t \geqslant \dfrac{A(1 + 2\sigma)(1 + \sigma)}{3}$ 时, $V_{cca}^* \geqslant V_{ssa}^*$;

②当 $0 < t < \dfrac{A(1 + 2\sigma)(1 + \sigma)}{3}$ 时, $V_{cca}^* < V_{ssa}^*$。

(3)综合比较

通过以上分析,可得:

①当 $0 \leqslant k \leqslant 0.4255$ 或 $0.5 \leqslant k \leqslant 1$ ,且 $t \geqslant \dfrac{A(1 + 2\sigma)(1 + \sigma)}{3}$ 时, $V_{cc}^* \geqslant$

$V_{ss}^*$;

②当 $0.4255 < k < 0.5$ ,且 $0 < t < \dfrac{A(1 + 2\sigma)(1 + \sigma)}{3}$ 时, $V_{cc}^* < V_{ss}^*$;

③当 $0.4255 < k < 0.5$ ,且 $t > 2.0807A$ 时, $V_{cc}^* > V_{ss}^*$。

其余情况要视各项参数的取值而定。

## 9.4.3 社会福利的比较

将式(9.32)和式(9.19)中的社会福利相减,得

$$W_{cc}^* - W_{ss}^* = \frac{(A - t)^2}{25} + \frac{4At - t^2}{2} - \frac{(A - t)^2[17(1 + k)^2 - 4(1 + k)^4 - 18]}{2[9 - 4(1 + k)^2]^2} -$$
$$\frac{A^2(1 + \sigma)^2}{2} \tag{9.39}$$

首先分别比较两种政策下通过企业生产产生的福利差异和通过企业治污产生的福利差异,然后再对两种政策下产生的总的社会福利进行比较。

(1) $W_{ccp}^*$ 和 $W_{ssp}^*$ 的比较

两种政策下通过企业生产产生的社会福利差异可表示为

$$W_{ccp}^* - W_{ssp}^* = \frac{(A - t)^2}{25} - \frac{(A - t)^2[17(1 + k)^2 - 4(1 + k)^4 - 18]}{2[9 - 4(1 + k)^2]^2}$$
$$\tag{9.40}$$

从式(9.40)可以看出,两种政策下通过企业生产产生的社会福利差异都与排放税率成反比,大小取决于生产工艺研发溢出率。令式(9.40)左边等于零,解得关于溢出率的方程,即

$$132k^4 + 528k^3 + 223k^2 - 610k + 175 = 0 \tag{9.41}$$

求解后可以得到如下结果:

$$k_1 = 0.5, k_2 = 0.435\,5$$

当 $0 \leqslant k \leqslant 0.435\,5$ 或 $0.5 \leqslant k \leqslant 1$ 时, $W_{ccp}^* \geqslant W_{ssp}^*$；当 $0.435\,5 < k < 0.5$ 时, $W_{ccp}^* < W_{ssp}^*$。

(2) $W_{cca}^*$ 和 $W_{ssa}^*$ 的比较

两种政策下企业通过污染治理产生的社会福利差异可表示为

$$W_{cca}^* - W_{ssa}^* = \frac{4At - t^2}{2} - \frac{A^2(1 + \sigma)^2}{2} \tag{9.42}$$

可以看出,合作政策下当 $0 \leqslant t \leqslant 2A$, 福利与排放税率成递增关系,当 $t > 2A$, 福利与排放税率成递减关系；当 $0 \leqslant t \leqslant 4A$, $W_{cca}^* \geqslant 0$, 当 $t > 4A$, $W_{cca}^* < 0$。补贴政策下福利与排放税率无关。因此可以得出以下结论:

①当 $2A - A\sqrt{3 - 2\sigma - \sigma^2} \leqslant t \leqslant 2A + A\sqrt{3 - 2\sigma - \sigma^2}$ 时, $W_{cca}^* \geqslant W_{ssa}^*$；

②当 $0 < t < 2A - A\sqrt{3 - 2\sigma - \sigma^2}$ 或 $2A + A\sqrt{3 - 2\sigma - \sigma^2} < t < 4A$ 时, $W_{cca}^* < W_{ssa}^*$；

③当 $t > 4A$, $W_{cca}^* < W_{ssa}^*$。

(3)综合比较

通过以上分析,可得:

①当 $0 \leqslant k \leqslant 0.435\,5$ 或 $0.5 \leqslant k \leqslant 1$, 且 $2A - A\sqrt{3 - 2\sigma - \sigma^2} \leqslant t \leqslant 2A + A\sqrt{3 - 2\sigma - \sigma^2}$ 时, $W_{cc}^* \geqslant W_{ss}^*$；

②当 $0.435\,5 < k < 0.5$, 且 $0 < t < 2A - A\sqrt{3 - 2\sigma - \sigma^2}$ 或 $2A + A\sqrt{3 - 2\sigma - \sigma^2} < t < 4A$ 或 $t > 4A$ 时, $W_{cc}^* < W_{ss}^*$；

③当 $0 \leqslant k \leqslant 0.435\,5$, 且 $0 < t < 0.219\,4A$ 或 $4.558\,4A < t < 4A$ 时, $W_{cc}^* < W_{ss}^*$；

④当 $0.5 \leqslant k \leqslant 1$, 且 $0 < t < 0.202A$ 或 $4.951\,6A < t < 4A$ 时, $W_{cc}^* < W_{ss}^*$。

其余情况要视各项参数的取值而定。

# 9.5　本章小结

在外生的排放税的条件下,本章对政府实行补贴和合作两种技术激励政策下企业的生产工艺研发和污染减排研发进行了全面深入的分析和比较。结果表明:①当生产工艺研发溢出率较低时,补贴政策下的生产工艺研发水平高于合作政策下的生产工艺研发水平;当生产工艺研发溢出率较高时,合作政策下的生产工艺研发水平高于补贴政策下的生产工艺研发水平。②当排放税率小于临界税率时,补贴政策下的污染减排研发水平高于合作政策下的污染减排研发水平;当排放税率大于临界税率时,合作政策下的污染减排研发水平高于补贴政策下的污染减排研发水平。③当生产工艺研发溢出率适中且排放税小于临界税率时,补贴政策下的利润高于合作政策下的利润;当生产工艺研发溢出率较高或较低且排放税不低于临界税率或生产工艺研发溢出率适中且排放税大于 $2.0807A$ 时,合作政策下的利润高于补贴政策下的利润。④当生产工艺研发溢出率适中且排放税小于较小的临界税率或居于较大的临界税率和 $4A$ 之间或大于 $4A$ ,或生产工艺研发溢出率较低且排放税小于 $0.2194A$ 或居于 $4.5584A$ 和 $4A$ 之间,或生产工艺研发溢出率较高且排放税小于 $0.202A$ 或居于 $4.9516A$ 和 $4A$ 之间时,补贴政策下的社会福利高于合作政策下的社会福利;当生产工艺研发溢出率较高或较低、排放税介于两个临界税率之间时,合作政策下的社会福利高于补贴政策下的社会福利。政府选择技术激励政策的依据是实现社会福利的最大化,企业选择研发行为的依据是实现利润的最大化,研究将为现实中政府选择激励政策,企业选择研发行为提供有力的理论参考。

# 10 跨行政区流域水污染防治
# 联盟合作模式选择

## 10.1 概 述

2017年1月,国务院印发《"十三五"节能减排综合工作方案》,提出紧紧围绕"五位一体"总体布局和"四个全面"战略布局,牢固树立创新、协调、绿色、开放、共享的发展理念,落实节约资源、保护环境基本国策,坚持政府主导、企业主体、市场驱动、社会参与,加快建设资源节约型、环境友好型社会,确保完成"十三五"节能减排约束性目标,保障人民群众健康和经济社会可持续发展,促进经济转型升级,实现经济发展与环境改善双赢,为建设生态文明提供有力支撑。计划到2020年,全国万元国内生产总值能耗比2015年下降15%,能源消费总量控制在50亿吨标准煤以内。全国化学需氧量、氨氮、二氧化硫、氮氧化物排放总量分别控制在2 001万吨、207万吨、1 580万吨、1 574万吨以内,比2015年分别下降10%、10%、15%和15%。全国挥发性有机物排放总量比2015年下降10%以上[162]。按照要求,必须加快节能减排技术开发和推广应用,包括加快节能减排共性和关键技术研发,加大节能减排技术产业化示范,加快节能减排技术的推广和应用。长期以来,我国主要通过关闭和转移能耗大、污染严重的工业企业来实现资源节约和保护环境的目标,带来的后果是减少了污染、降低了能耗,但经济和社会的发展受到了制约,影响了经济社会的协调可持续发展。加快节能减排新技术研发是我国在保障经济较快增长的同时实现节能环保目标的主要解决之道。节能减排技术研发主要包括两个方面:一方面企业需要通过技术研发改进生产工艺,减少能源消耗,降低生产成本,即生产工艺研发;另一方面由于产品在生产过程中会排放出对环境有害的污染物,政府会根据污染物排放的多少征收排放税,企业为了减轻税负,必须通过研发提高污染减排水平,即污染减排研发。生产工艺研发和污染减排研发联系紧密,不能分离。

面对经济全球化日益加深,企业间竞争日益激烈,越来越多的企业选择既竞争又合作,从而达到优势互补的联盟合作模式。所谓联盟合作模式是指企业间采取的具体合作形式,包括合资企业、直接股权投资、联合研发、联合制造、联合营销等。本章将企业运作划分为研究与试验发展(R&D)阶段(第一阶段)和生产销售阶段(第二阶段),采用两阶段动态博弈方法进行研究。在外生排放税的条件下,考虑同时进行生产工艺研发和污染减排研发,并在伴有研发溢出的情形下,探讨企业决策者在研发和生产销售过程中面对不同的联盟合作模式的选择问题,通过全面比较企业在实际运营中不同联盟合作模式下产量、研发水平、利润和带来的社会福利的差异,以求找到最有效的联盟合作模式。

## 10.2　基本假设与变量设计

考虑分别来自流域相邻两地区且生产同质产品的两个寡头企业组成的行业,两企业的研发活动相互间均有技术溢出发生。

假设1:两企业的线性反需求函数可以表示为

$$P = a - b(q_i + q_j) \qquad i \neq j, i,j = 1,2, \ q_i + q_j \leqslant \frac{a}{b}, 1 < b < 2$$

(10.1)

其中,$a$ 为市场容量。将 $b$ 的取值区间设在(1,2)是为了保证讨论的 3 种联盟合作模式下的产量、研发水平、利润和社会福利均为正值。

假设2:企业 $i$ 的成本函数是由相互独立的生产成本减去通过生产工艺研发减少的生产成本,再加上生产工艺研发成本和污染减排研发成本得到的,即

$$C_i = cq_i - (x_i + kx_j)q_i + \frac{x_i^2}{2} + \frac{y_i^2}{2} \tag{10.2}$$

式(10.2)右边第一项中的 $c$ 为单位生产成本，$a > c$；第二项为企业依靠自身的生产工艺研发和竞争对手的生产工艺研发溢出减少的生产成本，$x_i$ 代表企业 $i$ 通过生产工艺研发减少的单位生产成本，$k$ 为生产工艺研发溢出率（$0 \leqslant k \leqslant 1$），$c > x_i + kx_j$；第三项为生产工艺研发成本，这里设为二次式以反映研发支出的报酬递减特性；第四项为污染减排研发成本，$y_i$ 代表企业 $i$ 通过污染减排研发减少的污染物排放量。

假设3：借鉴 Ulph 处理污染排放量和产量的关系的方法，使单位产量产生单位污染排放量，于是可得企业污染物排放量和产量的关系为

$$E_i = q_i - y_i - \sigma y_j \qquad q_i > y_i + \sigma y_j, 0 \leqslant \sigma \leqslant 1 \tag{10.3}$$

其中，$\sigma$ 为污染减排研发溢出率。

假设4：企业排放的污染物将对本地区和相邻地区的生态环境同时造成破坏，因此各地区遭受的污染破坏是本地区和相邻地区排放的污染物对本地区共同作用的结果。各地区的污染破坏成本可以表示为

$$D_i = \alpha E_i + \beta E_j = \alpha(q_i - y_i - \sigma y_j) + \beta(q_j - y_j - \sigma y_i) \tag{10.4}$$

其中，$\alpha$ 为本地区造成的污染的边际破坏成本，$\beta$ 为相邻地区对本地区造成的污染的边际破坏成本。

企业间可以主要采取 3 种不同的联盟合作模式：不联盟合作、半联盟合作（先合作后竞争）和全联盟合作。不联盟合作是指双寡头企业在 R&D 阶段和生产销售阶段都不合作；半联盟合作是指双寡头企业在 R&D 阶段合作而在生产销售阶段不合作，如组建研发合资企业或共同建立一个研发实验室，两家企业同等拥有新技术的使用权，在产品市场各自采取非合作的行为；全联盟合作是指双寡头企业在 R&D 阶段和生产销售阶段均合作，形成产业垄断。博弈的均衡解可以通过逆向归纳法来求解。

## 10.3 模型构建

### 10.3.1 不联盟合作模式

不联盟合作是指两企业在第一阶段和第二阶段都不组建联盟而采取单干的情形。不联盟合作模式下,企业 $i$ 的成本函数变成如下形式

$$C_{non-i} = (c - x_{non-i} - kx_{non-j})q_{non-i} + \frac{x_{non-i}^2}{2} + \frac{y_{non-i}^2}{2} \qquad x_{non-i} + kx_{non-j} < c$$

(10.5)

在第二阶段,企业在产品市场上展开竞争,选择产量最大化利润,即

$$V_{non-i} = (a - bq_{non-i} - bq_{non-j})q_{non-i} - (c - x_{non-i} - kx_{non-j})q_{non-i} - \frac{x_{non-i}^2}{2} -$$

$$\frac{y_{non-i}^2}{2} - t(q_{non-i} - y_{non-i} - \sigma y_{non-j})$$

(10.6)

由式(10.6)的一阶条件 $\frac{\partial V_{non-i}}{\partial q_{non-i}} = \frac{\partial V_{non-j}}{\partial q_{non-j}} = 0$, 可以得到最优的产量和利润,即

$$q_{non-i} = \frac{A - t + (2 - k)x_{non-i} + (2k - 1)x_{non-j}}{3b}$$

(10.7)

其中,$A = a - c$。

$$V_{non-i} = bq_{non-i}^2 - \frac{x_{non-i}^2}{2} - \frac{y_{non-i}^2}{2} + t(y_{non-i} + \sigma y_{non-j})$$

(10.8)

由式(10.7)和式(10.8)可以看出,最优产量和生产工艺研发水平有关,和污染减排研发水平无关。随着排放税的增加,产量会下降,利润会增加。

在第一阶段,企业选择研发水平最大化利润。由一阶偏导数 $\frac{\partial V_{non-i}}{\partial x_{non-i}} = 0$ 可

解得

$$\frac{2(2-k)[A-t+(2-k)x_{non-i}+(2k-1)x_{non-j}]}{9b}-x_{non-i}=0 \quad (10.9)$$

在对称均衡条件下有 $x_{non-i}^*=x_{non-j}^*=x_{non}^*$，代入式(10.9)可解得最优生产工艺研发水平为

$$x_{non}^*=\frac{2(2-k)(A-t)}{9b-2(2-k)(1+k)} \quad 9b-2(2-k)(1+k)>0, A>t$$

$$(10.10)$$

将式(10.10)代入式(10.7)，可得

$$q_{non}^*=\frac{3(A-t)}{9b-2(2-k)(1+k)} \quad (10.11)$$

容易证明 $\frac{\partial x_{non}^*}{\partial t}<0, \frac{\partial q_{non}^*}{\partial t}<0$，这说明排放税越高，生产工艺研发水平和产量就会越低。

对式(10.8)求关于污染减排研发水平的一阶偏导，令 $\frac{\partial V_{non-i}}{\partial y_{non-i}}=0$，可得

$$y_{non-i}^*=y_{non-j}^*=y_{non}^*=t \quad (10.12)$$

由式(10.12)可以看出，$t=0$ 时，$y_{non}^*=0$，表示在不征收排放税的情况下，企业不会采取任何治理污染的措施；随着排放税的提高，企业会更主动、更积极地参与污染治理。

在对称均衡条件下，企业获得的利润可以表示成

$$V_{non}^*=\frac{(A-t)^2[9b-2(2-k)^2]}{[9b-2(2-k)(1+k)]^2}+\frac{t^2(1+2\sigma)}{2} \quad 9b-2(2-k)^2>0$$

$$(10.13)$$

福利函数包括生产者和消费者剩余以及产生的环境破坏。为了便于讨论，在此假定边际破坏成本 $\alpha=\beta=\frac{A}{2}$，则福利函数为

$$W_{non}^*=\frac{1}{2}\left\{\int_0^{2q_{non}^*}[a-bu-(c-(1+k)x_{non}^*)]du\right\}-\frac{x_{non}^{*2}}{2}-\frac{y_{non}^{*2}}{2}-$$

$$A[q_{non}^*-(1+\sigma)y_{non}^*] \quad (10.14)$$

式(10.14)等价于

$$W_{non}^* = q_{non}^* \left[ A + (1 + k)x_{non}^* \right] - bq_{non}^{*2} - \frac{x_{non}^{*2}}{2} - \frac{y_{non}^{*2}}{2} - A \left[ q_{non}^* - (1 + \sigma)y_{non}^* \right]$$

$$(10.15)$$

将式(10.10)、式(10.11)、式(10.12)代入式(10.15),可得

$$W_{non}^* = \frac{6(A - t)^2(2 - k)(1 + k) - 9b(A - t)^2 - 2(A - t)^2(2 - k)^2}{\left[ 9b - 2(2 - k)(1 + k) \right]^2} +$$

$$\frac{2At(1 + \sigma) - t^2}{2}$$

$$(10.16)$$

综上,不联盟合作模式下企业的均衡产量、研发水平、利润和社会福利分别为

$$q_{non}^* = \frac{3(A - t)}{9b - 2(2 - k)(1 + k)}$$

$$x_{non}^* = \frac{2(2 - k)(A - t)}{9b - 2(2 - k)(1 + k)}$$

$$y_{non}^* = t$$

$$V_{non}^* = \frac{(A - t)^2 \left[ 9b - 2(2 - k)^2 \right]}{\left[ 9b - 2(2 - k)(1 + k) \right]^2} + \frac{t^2(1 + 2\sigma)}{2}$$

$$W_{non}^* = \frac{6(A - t)^2(2 - k)(1 + k) - 9b(A - t)^2 - 2(A - t)^2(2 - k)^2}{\left[ 9b - 2(2 - k)(1 + k) \right]^2} +$$

$$\frac{2At(1 + \sigma) - t^2}{2}$$

$$(10.17)$$

### 10.3.2  半联盟合作模式

半联盟合作是指两企业在第一阶段开展研发合作,而在第二阶段采取非合作的情形。在此政策下,两地区的企业可以完全共享研发信息,即研发溢出率达到最大值;而在生产销售阶段则类似于不联盟合作模式。企业 $i$ 的成本函数变成如下形式:

$$C_{half-i} = (c - x_{half-i} - x_{half-j})q_{half-i} + \frac{x_{half-i}^2}{2} + \frac{y_{half-i}^2}{2} \qquad x_{half-i} + x_{half-j} < c$$

$$(10.18)$$

两企业在研发阶段的联合利润函数 $V_{half\text{-}ij}$ 可以表示为

$$V_{half\text{-}ij} = V_{half\text{-}i} + V_{half\text{-}j}$$

$$= bq_{half\text{-}i}^2 + bq_{half\text{-}j}^2 - \frac{x_{half\text{-}i}^2}{2} - \frac{y_{half\text{-}i}^2}{2} - \frac{x_{half\text{-}j}^2}{2} - \frac{y_{half\text{-}j}^2}{2} + 2t(y_{half\text{-}i} + y_{half\text{-}j})$$

$$(10.19)$$

由一阶偏导数 $\frac{\partial V_{half\text{-}ij}}{\partial x_{half\text{-}i}} = \frac{\partial V_{half\text{-}ij}}{\partial x_{half\text{-}j}} = 0$，同时在对称均衡条件下有 $x_{half\text{-}i}^* = x_{half\text{-}j}^* = x_{half}^*$，可解得

$$x_{half}^* = \frac{4(A-t)}{9b-8} \tag{10.20}$$

均衡产量可以表示为

$$q_{half}^* = \frac{3(A-t)}{9b-8} \tag{10.21}$$

对式(10.19)求关于污染减排研发水平的偏导，令 $\frac{\partial V_{half\text{-}ij}}{\partial y_{half\text{-}i}} = 0$，可得

$$y_{half\text{-}i}^* = y_{half\text{-}j}^* = y_{half}^* = 2t \tag{10.22}$$

故企业获得的利润可以表示成

$$V_{half}^* = \frac{V_{half\text{-}ij}^*}{2} = \frac{(A-t)^2}{9b-8} + 2t^2 \tag{10.23}$$

社会福利函数可以表示成

$$W_{half}^* = \frac{1}{2}\left\{\int_0^{2q_{half}^*}[a - bu - (c - 2x_{half}^*)]\,\mathrm{d}u\right\} - \frac{x_{half}^{*2}}{2} - \frac{y_{half}^{*2}}{2} - A(q_{half}^* - 2y_{half}^*)$$

$$(10.24)$$

式(10.24)等价于

$$W_{half}^* = q_{half}^*(A + 2x_{half}^*) - bq_{half}^{*2} - \frac{x_{half}^{*2}}{2} - \frac{y_{half}^{*2}}{2} - A(q_{half}^* - 2y_{half}^*)$$

$$= \frac{(16-9b)(A-t)^2}{(9b-8)^2} - 2t^2 + 4At \tag{10.25}$$

综上，半联盟合作模式下企业的均衡产量、研发水平、利润和社会福利分别为

$$q_{half}^* = \frac{3(A-t)}{9b-8}$$

$$x_{half}^* = \frac{4(A-t)}{9b-8}$$

$$y_{half}^* = 2t$$

$$V_{half}^* = \frac{(A-t)^2}{9b-8} + 2t^2$$

$$W_{half}^* = \frac{(16-9b)(A-t)^2}{(9b-8)^2} - 2t^2 + 4At \tag{10.26}$$

### 10.3.3 全联盟合作模式

全联盟合作是指两企业在第一阶段和第二阶段都组建联盟合作的情形。企业 $i$ 的成本函数变成如下形式：

$$C_{cc-i} = (c - x_{cc-i} - x_{cc-j})q_{cc-i} + \frac{x_{cc-i}^2}{2} + \frac{y_{cc-i}^2}{2} \qquad x_{cc-i} + x_{cc-j} < c \tag{10.27}$$

在第二阶段，两企业通过合作获得的联合利润 $V_{cc-ij}$ 可以表示为

$$V_{cc-ij} = (a - bq_{cc-i} - bq_{cc-j})(q_{cc-i} + q_{cc-j}) - (c - x_{cc-i} - x_{cc-j})(q_{cc-i} + q_{cc-j}) -$$
$$\frac{x_{cc-i}^2}{2} - \frac{y_{cc-i}^2}{2} - \frac{x_{cc-j}^2}{2} - \frac{y_{cc-j}^2}{2} - t[q_{cc-i} + q_{cc-j} - 2(y_{cc-i} + y_{cc-j})] \tag{10.28}$$

对式(10.28)求偏导，并令 $\frac{\partial V_{cc-ij}}{\partial q_{cc-i}} = \frac{\partial V_{cc-ij}}{\partial q_{cc-j}} = 0$，同时考虑均衡是对称的，则有

$$x_{cc-i}^* = x_{cc-j}^* = x_{cc}^*, y_{cc-i}^* = y_{cc-j}^* = y_{cc}^*$$

于是可以求得纳什均衡产量为

$$q_{cc}^* = \frac{A - t + 2x_{cc}^*}{4b} \tag{10.29}$$

将式(10.29)代入式(10.28)，可将两企业的联合利润表示为

$$V_{cc-ij}^* = 4bq_{cc}^{*2} - x_{cc}^{*2} - y_{cc}^{*2} + 4ty_{cc}^* \tag{10.30}$$

在第一阶段，两企业选择研发水平最大化联合利润。由一阶偏导数 $\frac{\partial V_{cc-ij}^*}{\partial x_{cc}^*} =$

$0$ 和 $\dfrac{\partial V_{cc-ij}^{*}}{\partial y_{cc}^{*}} = 0$，可解得最优生产工艺研发水平和最优污染减排研发水平分别为

$$x_{cc}^{*} = \frac{A - t}{2(b - 1)} \tag{10.31}$$

$$y_{cc}^{*} = 2t \tag{10.32}$$

将式(10.31)代入式(10.29)，可得

$$q_{cc}^{*} = \frac{A - t}{4(b - 1)} \tag{10.33}$$

两企业各自获得的利润可以表示成

$$V_{cc}^{*} = \frac{V_{cc-ij}^{*}}{2} = \frac{(A - t)^2}{8(b - 1)} + 2t^2 \tag{10.34}$$

社会福利函数可以表示成

$$W_{cc}^{*} = \frac{1}{2}\left\{\int_0^{2q_{cc}^{*}}\left[a - bu - (c - 2x_{cc}^{*})\right]\mathrm{d}u\right\} - \frac{x_{cc}^{*2}}{2} - \frac{y_{cc}^{*2}}{2} - A(q_{cc}^{*} - 2y_{cc}^{*}) \tag{10.35}$$

式(10.35)等价于

$$W_{cc}^{*} = q_{cc}^{*}(A + 2x_{cc}^{*}) - bq_{cc}^{*2} - \frac{x_{cc}^{*2}}{2} - \frac{y_{cc}^{*2}}{2} - A(q_{cc}^{*} - 2y_{cc}^{*})$$

$$= \frac{(2 - b)(A - t)^2}{16(b - 1)^2} - 2t^2 + 4At \tag{10.36}$$

综上，全联盟合作模式下企业的均衡产量、研发水平、利润和社会福利分别为

$$q_{cc}^{*} = \frac{A - t}{4(b - 1)}$$

$$x_{cc}^{*} = \frac{A - t}{2(b - 1)}$$

$$y_{cc}^{*} = 2t$$

$$V_{cc}^{*} = \frac{(A - t)^2}{8(b - 1)} + 2t^2$$

$$W_{cc}^{*} = \frac{(2 - b)(A - t)^2}{16(b - 1)^2} - 2t^2 + 4At \tag{10.37}$$

# 10.4　比较分析

根据前面的研究结果,本节对不联盟、半联盟和全联盟合作模式下的产量、研发水平、利润和社会福利分别进行比较。

第一,产量的比较。容易证明 $q_{cc}^* > q_{half}^* > q_{non}^*$,这说明全联盟合作的产量高于半联盟合作的产量,而半联盟合作的产量又高于不联盟合作的产量。若从实现产量最大化的角度看,企业更倾向于选择研发阶段和销售阶段都进行联盟合作的全联盟合作模式。

第二,研发水平的比较。比较生产工艺研发水平后容易证明 $x_{cc}^* > x_{half}^* > x_{non}^*$,这说明全联盟合作的生产工艺研发水平高于半联盟合作的生产工艺研发水平,而半联盟合作的生产工艺研发水平又高于不联盟合作的生产工艺研发水平。若从实现生产工艺研发成本减少的角度看,企业更倾向于选择全联盟合作模式。比较污染减排研发水平后显而易见 $y_{cc}^* = y_{half}^* > y_{non}^*$,这说明全联盟合作和半联盟合作的污染减排研发水平相当,且都大于不联盟合作的污染减排研发水平。若从实现污染物排放量减少的角度看,企业更倾向于选择在研发阶段进行联盟合作的模式。

第三,利润的比较。可以证明 $V_{cc}^* > V_{half}^* > V_{non}^*$,这说明全联盟合作获得的利润高于半联盟合作获得的利润,半联盟合作获得的利润又高于不联盟合作获得的利润。若从实现利润最大化的角度看,企业更倾向于选择全联盟合作模式。

第四,社会福利的比较。可以证明 $W_{cc}^* > W_{half}^* > W_{non}^*$,这说明全联盟合作获得的社会福利高于半联盟合作获得的社会福利,半联盟合作获得的社会福利又高于不联盟合作获得的社会福利。若从实现社会福利最大化的角度看,企业更倾向于选择全联盟合作模式。

# 10.5　本章小结

在外生排放税的条件下,针对企业节能减排技术研发的需要,详细探讨了企业决策者面对不同的联盟合作模式即不联盟合作、半联盟合作和全联盟合作时的选择问题,通过比较3种联盟合作模式下的产量、研发水平、利润和社会福利,得出:①从实现产量最大化的角度看,企业更倾向于选择全联盟合作模式。②从实现生产工艺研发成本减少的角度看,企业更倾向于选择全联盟合作模式;从实现污染物排放量减少的角度看,企业更倾向于选择在研发阶段进行联盟合作的模式。③从实现利润最大化的角度看,企业更倾向于选择全联盟合作模式。④从实现社会福利最大化的角度看,企业更倾向于选择全联盟合作模式。综上可以看出,全联盟合作模式优于半联盟合作模式,半联盟合作模式优于不联盟合作模式,因此选择全联盟合作模式对进行节能减排的企业而言是最佳的选择。

# 11 结 论

## 11.1 研究结论

生态文明是人类为保护和建设美好生态环境而取得的物质成果、精神成果和制度成果的总和,是贯穿于经济建设、政治建设、文化建设、社会建设全过程和各方面的系统工程,反映了一个社会的文明进步状态。生态文明自在我国首次提出以来已经经过了十年的探索与实践,其内涵和外延得到了不断深化和发展。党的十八大将生态文明建设提升到中国特色社会主义事业"五位一体"总布局的战略高度,描绘出一幅"美丽中国"的美好愿景。党的十九大报告把"坚持人与自然和谐共生"作为新时代坚持和发展中国特色社会主义的基本方略之一,号召"为把我国建设成为富强民主文明和谐美丽的社会主义现代化强国而奋斗",表明了我们党持之以恒推进美丽中国建设、建设人与自然和谐共生的现代化、为全球生态安全作出新贡献的坚定意志和坚强决心。

流域是自然系统中一个具有明显物理边界线且综合性强的独特地理单元。改革开放四十余年来,我国在经济与社会发展方面取得了举世瞩目的成就,但长期粗放型的用水格局,导致流域水资源短缺、水环境恶化、水生态退化等问题日益凸显,流域上下游和左右岸在治污排污上的矛盾更加突出,已成为制约经济社会可持续发展的主要瓶颈。解决跨行政区流域水资源保护与水环境改善问题已经迫在眉睫,它关系到人与自然、人与经济社会的健康、稳定、可持续发展,是生态文明建设的重要内容。如何采取有效措施,规范跨行政区流域内的用水和排污行为,确保流域水环境不再恶化并逐步向良性发展,已经成为当下关注的焦点。建立一套行之有效的解决跨行政区流域水污染防治的合作机制已迫在眉睫。

本书选择合作博弈理论作为研究跨行政区流域水污染防治合作机制的理论视角和方法支撑,从效用分配、投资模式、地区合作、激励政策以及联盟模式等方面进行深入分析,并通过数值算例或实际数据验证方法的合理性与有效性。本书通过研究,已经得出以下6点结论:

第一,在成本分摊问题上,主要包括两方面:一是提出具有联盟结构的二项式半值的解的概念。研究结果发现:①地区间的合作成本都低于各地区单独治理的成本之和,满足超可加性条件;②联盟中各地区的成本分摊值之和等于联盟的总成本,满足集体理性条件;③联盟中各地区的成本分摊值小于各地区单独治理的成本,满足个体理性条件。经过计算有力证明了运用二项式半值解决流域成本分摊问题的科学性和合理性。二是针对合作中因风险因素的存在而影响局中人参与度的问题,提出基于内部风险的模糊夏普利值的解的概念。以流域相邻两地区的生产用水部门和生活用水部门为研究对象,分别考虑当一地区两部门愿意合作并完全参与,另一地区两部门因为风险因素有选择地参与的情形,可以运用此法进行求解。

第二,在期望利润分配问题上,以流域相邻三地区为研究对象,在连续时间里,构建水污染治理模型。研究主要包括两方面,一是针对现实中构成联盟的局中人可能不是完全参与合作,提出运用具有模糊参与度的动态夏普利值进行求解。二是考虑风险因素的存在,提出基于内部风险的模糊动态夏普利值的解的概念并进行求解。通过各项参数值的设置,可以计算出在不同时间点的期望利润在各地区的分配情况,研究成果对解决流域期望利润分配问题具有较大的现实指导意义。

第三,在投资模式选择问题上,采用随机微分博弈方法对流域相邻两地区进行研究,建立自给自足型、异地投资型和合作型3种理论模型。通过比较瞬时利润和终点利润发现:合作型中两地区前两年获得的期望利润明显小于前两种类型,但随着投资带来的污染治理成效逐渐显现,期望利润将会在接下来的年份逐渐增加。因此,下游地区选择参与上游地区的环境项目投资合作,最能实现共赢。

第四,在地区合作问题上,采取微分博弈方法对流域相邻三地区进行研究,构建了自给自足型、两两联盟型和大联盟型3种理论模型。通过数值算例分析发现:两两联盟型在各时间点的期望利润大于大联盟型,这源于大联盟型下通过投资环境项目,污染治理虽有成效,但由于合作面大,所以导致成本增加,进而利润降低。由此说明,联盟合作并非参与者越多越好,两两联盟更能实现联盟地区真正共赢。

第五,在激励政策选择问题上,考虑在外生排放税的条件下,对政府实行补贴和合作两种技术激励政策后企业的两种研发行为,即生产工艺研发和污染减排研发并对它们进行全面比较分析。结果显示:当生产工艺研发溢出率较低(高)时,补贴(合作)政策下的生产工艺研发水平高于合作(补贴)政策下的生产工艺研发水平;当排放税率小于(大于)临界税率时,补贴(合作)政策下的污染减排研发水平高于合作(补贴)政策下的污染减排研发水平。

第六,在企业联盟模式选择问题上,考虑在外生排放税的条件下,对实行节能减排技术研发的企业面对的联盟模式选择问题并进行研究,构建不联盟、半联盟和全联盟3种模型。通过比较不同合作模式下的产量、研发水平、利润和社会福利得出:全联盟合作的产量、研发水平、利润和社会福利高于半联盟,而半联盟合作的研发水平、利润和社会福利又高于不联盟合作。因此,全联盟合作模式是进行节能减排的企业的最佳选择。

## 11.2　主要贡献

合作博弈理论与非合作博弈理论的根本区别在于,合作博弈允许局中人之间存在有约束力的协议,而非合作博弈不考虑局中人之间可以运用有约束力的协议。由于合作博弈理论比非合作博弈理论复杂,所以其发展速度相对较慢。合作博弈的解种类繁多,但尚无一种解能有纳什均衡在非合作博弈中具有的地位。运用合作博弈理论来研究跨行政区流域水污染治理问题在国内外学术领域尚处于起步阶段,还没有形成较成熟的理论方法。希望通过本书的研究能够在此领域作出一些有益的尝试和探索,取得一些新的发现。归纳起来,本书的研究主要有以下 3 个方面的贡献。

一是将合作博弈理论运用在解决跨行政区流域水污染治理中的效用分配、合作模式、激励政策等问题上。由于流域面积广阔,水污染治理牵涉对象众多,因此只有上下游地区间的合作才能有效保护全流域的生态环境。本书针对水污染防治中存在的不同类型的问题,提出运用不同的合作博弈方法进行求解。运用静态合作博弈中的二项式半值和模糊夏普利值研究成本分摊问题;运用微分合作博弈和模糊合作博弈研究期望利润分配问题;运用微分合作博弈研究投资模式和区域联盟选择问题;运用动态合作博弈的逆向归纳法研究激励政策和联盟合作模式选择问题。

二是针对现实环境中构成联盟的不确定性,运用模糊合作博弈解决局中人对联盟存在隶属程度的情形下的合作问题。一般合作博弈其实就是特殊的模糊合作博弈,两者在解的概念和各种解之间的关系有着几乎相同的结论,但在有关性质的证明上又存在差异。本书提出运用模糊夏普利值分别从静态和动态角度来解决流域水污染治理中的效用分配问题。

三是在研究流域水污染治理存在的问题时,并不是将上下游地区视为相互独立的局中人,而是充分考虑了由于水流自上而下,部分污染物将会随水流从上游地区转移到下游地区,对下游地区的水质产生影响的情形。在研究成本分摊问题时,假定 COD 排放浓度是相邻上游地区和本地区所排放的污染物共同作用的结果;在研究区域联盟问题时,假定每个地区的污染存量同时受到新增的污染物排放、通过治理减少的污染物排放、污染物的自然衰减、上游地区转移的污染物、转移给下游地区的污染物等 5 部分的影响。

## 11.3　研究的不足与展望

本书在研究中肯定存在很多不足之处,亟待进一步深入研究和完善。研究

中的不足之处主要包括以下 3 个方面:

在理论方法方面,下一步将在以下方面作进一步的研究:对静态合作博弈中的单点解如夏普利值、班茨哈夫值、欧文值、二项式半值等基础解作进一步的改进;对模糊合作博弈中局中人参与度模糊以及支付函数模糊的情形作进一步的研究;将微分博弈理论与模糊联盟结合展开研究等。通过理论方法的研究,将研究成果运用在流域水污染治理领域。

在模型构建方面,作出了很多理想化的假设,设置了大量的参数,对目标函数的收益和成本变量进行了简化,同时对政府和企业在污染治理中扮演的角色差异以及两方之间的策略互动讨论研究不足,下一步可以对理论模型作进一步修改和完善,对政府和企业之间的策略互动作更深入的分析。

在实证验证方面,较多通过数值算例来完成,尽管给算例赋值尽可能地贴近实际,但毕竟和实际有所区别,下一步力求通过对实际数据的搜集整理,运用计量方法对模型进行验证。

在研究内容方面,文中选择的成本分摊、期望利润分配、投资模式、区域联盟、激励政策、联盟合作模式等 6 个方面并不能完全覆盖跨行政区流域水污染治理的所有方面,需要在今后作进一步的深入研究。

# 参考文献

[1] 徐大伟,赵云峰.跨区域流域生态补偿意愿及其支付行为研究[M].北京:经济科学出版社,2013.

[2] 中华人民共和国生态环境部.2015 年中国环境状况公报[EB/OL].[2016-06-02].http://www.mee.gov.cn.

[3] 中华人民共和国生态环境部.2001 年环境统计年报[EB/OL].[2009-10-30].http://www.mee.gov.cn.

[4] 中华人民共和国生态环境部.2015 年环境统计年报[EB/OL].[2017-02-23].http://www.mee.gov.cn..

[5] 常亮.基于准市场的跨界流域生态补偿机制研究——以辽河流域为例[D].大连:大连理工大学,2013.

[6] 王尚义.流域内资源是可持续发展的驱动力[N].光明日报,2013-01-23(13).

[7] 曾文慧.越界水污染规制——对中国跨行政区流域污染的考察[M].上海:复旦大学出版社,2005.

[8] Martin Volk, Jesko Hirschfeld, Alexandra Dehnhardt, et al. Integrated Ecological-economic Modelling of Water Pollution Abatement Management Options in the Upper Ems River Basin [J]. Ecological Economics,2008,66(1):66-76.

[9] 常云昆.黄河断流与黄河水权制度研究[M].北京:中国社会科学出版社,2001.

[10] 刘文强,孙永广,顾树华,等.水资源分配冲突的博弈分析[J].系统工程理论与实践,2002(1):16-25.

[11] 王亚华,胡鞍钢.我国水权制度的变迁[EB/OL].http://www.xzwater.gov.cn,2004-09-11.

[12] 李曦,熊向阳,雷海章.我国现代水权制度建立的体制障碍分析与改革构想[J].水利发展研究,2002(4):1-4.

[13] 施祖麟,毕亮亮. 我国跨行政区河流域水污染治理管理机制的研究——以江浙边界水污染治理为例[J]. 中国人口·资源与环境,2007,17(3):3-9.

[14] Dasgupta, Susmita. Environmental Regulation and Development:A Cross-country Empirical Analysis[J]. Journal of Oxford Development Studies,2001,29(2):173-187.

[15] Macleod Calum. Continuity versus Change:Enforcing Scottish Pollution Control Policy in the 1990s[J]. Journal of Environmental Policy and Planning,2002,2(3):237-248.

[16] Coel, Daneil H. Pollution and Porpetry:Compairing Ownership Institutions for Environmental Protection[M]. New York:Combirdge University Press,2002.

[17] 钱正英,张光斗. 中国可持续发展水资源战略研究综合报告及各专题报告[M]. 北京:中国水利水电出版社,2001.

[18] 刘伟. 中国水制度的经济学分析[M]. 上海:上海人民出版社,2005.

[19] Sigman, Hilary A. Transboundary Spillovers and Decentralization of Environmental Policies[J]. Journal of Environmental Economics and Management,2004,(35):205-224.

[20] Kathuria V. Controlling Water Pollution in Developing and Transition Countries-lessons from Three Successful Cases[J]. Journal of Environmental Management,2006,78(4):405-426.

[21] 胡鞍钢,王亚华. 转型期水资源配置的公共政策:准市场和政治民主协商[J]. 中国软科学,2000,(5):5-11.

[22] 武亚军,宣晓伟. 环境税经济理论及对中国的应用分析[M]. 北京:经济科学出版社,2002.

[23] 孙泽生,曲昭仲. 流域水污染成因及其治理的经济分析[J]. 经济问题,2008,(3):47-50.

[24] 周海炜,张阳. 长江三角洲区域跨界水污染治理的多层协商策略[J]. 水利水电科技进展,2006(5):64-68.

[25] 李锦秀,徐嵩龄. 流域水污染经济损失计量模型[J]. 水利学报,2003(10):68-74.

[26] 曹利平,王晓燕,梁博. 水质管理中经济手段的应用[J]. 水资源保护,2004(3):33-36,70.

[27] 周宏伟,朱继业,王腊春,等. 水污染物排放总量控制方法研究——以无锡城北地区为例[J]. 长江流域资源与环境,2004(1):60-64.

[28] 李锦秀,李翀,吴剑. 水资源保护经济补偿对策探讨[J]. 水利水电技术,2005(6):22-24.

[29] 禹雪中,李锦秀,骆辉煌,吴金萍. 河流水污染损失补偿模型研究[J]. 长江流域资源与

环境,2007(1):57-61.

[30] 赵来军,李怀祖.流域跨界水污染纠纷对策研究[J].中国人口·资源与环境,2003(6):52-57.

[31] 赵来军,李怀祖,肖筱南.流域跨界水污染纠纷合作平调模型研究[J].系统工程,2004(3):100-105.

[32] 赵来军,李怀祖.流域跨界水污染纠纷税收调控管理模型研究[J].中国管理科学,2004(5):145-149.

[33] 赵来军,李旭,朱道立,等.流域跨界污染纠纷排污权交易调控模型研究[J].系统工程学报,2005(4):398-403.

[34] 赵来军,朱道立,李怀祖.非畅流流域跨界水污染纠纷管理模型研究[J].管理科学学报,2006(4):18-26.

[35] 熊启滨,胡放之.合作与非完全合作博弈理论研究综述[J].三峡大学学报:人文社会科学版,2009,31(3):80-83.

[36] 杨荣基,彼得罗相,李颂志.动态合作——尖端博弈论[M].北京:中国市场出版社,2007.

[37] 杨之雷.基于Shapley值法的企业利益相关者利益分配博弈分析[J].经济论坛,2009(8):14-16.

[38] Guillaume Haeringer. A New Weight Scheme for the Shapley Value[J]. Mathematical Social Sciences,2006,52(1):88-98.

[39] Tadeusz Radzik. A New Look at the Role of Players' Weights in the Weighted Shapley Value[J]. European Journal of Operational Research,2012,223(2):407-416.

[40] Gerard Van Der Laan, René Van Den Brink. A Banzhaf Share Function for Cooperative Games in Coalition Structure[J]. Theory and Decision,2002,53(1):61-86.

[41] Dolors Llongueras M, Antonio Magaña. Alliances, Partnerships and the Banzhaf Semivalue[J]. Annals of Operations Research,2008,158(1):63-79.

[42] Yakuba V. Evaluation of Banzhaf Index with Restrictions on Coalitions Formation[J]. Mathematical and Computer Modelling,2008,48(11):1602-1610.

[43] 董保民,王运通,郭桂霞.合作博弈论——解与成本分摊[M].北京:中国市场出版社,2008.

[44] Anna B Khmelnitskaya, Elena B Yanovskaya. Owen Coalitional Value without Additivity Axiom[J]. Mathematical Methods of Operations Research,2007,66(2):255-261.

[45] Albizuri M J. Axiomatizations of the Owen Value without Efficiency[J]. Mathematical

Social Sciences, 2008, 55(1): 78-89.

[46] Vázquez-Brage M, Van Den Nouweland A, García-Jurado I. Owen's Coalitional Value and Aircraft Landing Fees[J]. Mathematical Social Sciences, 1997, 34(3): 273-286.

[47] Aubin J P. Mathematical Methods of Game and Economic Theory[M]. Amsterdam: North-Holland Press, 1980.

[48] Aubin J P. Cooperative Fuzzy Games[J]. Mathematical Operation Research, 1981, 6(1): 1-13.

[49] Butnariu D. Fuzzy Games: A Description of the Concept[J]. Fuzzy Set and System, 1978, 1(3): 181-192.

[50] Butnariu D. Stability and Shapley Value for an N-persons Fuzzy Games[J]. Fuzzy Set and System, 1980, 4(1): 63-72.

[51] Butnariu D, Klement E P. Triangular Norm-based Measures and Games with Fuzzy Coalitions[M]. Dordrecht: Kluwer Press, 1993.

[52] Butnariu D, Klement E P. Core, Value and Equilibria for Market Games: On a Problem of Aumann and Shapley [J]. International Journal of Game Theory, 1996, 25(2): 149-160.

[53] Butnariu D, Kroupa T. Shapley Mappings and the Cumulative Value for N-person Games with Fuzzy Coalitions [J]. European Journal of Operational Research, 2008, 186(2): 288-299.

[54] Tsurumi M, Tanino T, Inuiguchi M. A Shapley Function on a Class of Cooperative Fuzzy Games[J]. European Journal of Operational Research, 2001, 129(3): 596-618.

[55] Mareš M. Coalition Forming Motivated by Vague Profits[C]. In Proceedings of the Transactions, Mathematical Methods in Economy, Ostrava, 1995, 114-119.

[56] Mareš M. Fuzzy Coalition Forming [C]. In Proceedings of 7th IFSAWorld Congress, Prague, 1997, 70-73.

[57] Mareš M. Fuzzy Coalition Structures[J]. Fuzzy Set and System, 2000, 114(1): 23-33.

[58] Mareš M. Fuzzy Shapley Value[C]. In Proceedings of Transactions of IPMU2000, Madrid, 2000, 1368-1372.

[59] Mareš M. Fuzzy Cooperative Games: Cooperation with Vague Expectations[M]. New York: Physica-Verlag Press, 2001.

[60] Arts H, Hoede C, Funaki Y. A Marginalistic Value for Monotonic Set Games[J]. International Journal of Game Theory, 1997, 26(1): 97-111.

［61］ Bilbao J M, Driessen T S H, Jiménez-Losada A, et al. The Shapley Value for Games on Matroids: The Dynamic Model［J］. Mathematical Methods of Operations Research, 2002, 56 (2): 287-301.

［62］ Johan Albrechta, Delphine Fran-coisa, Koen Schoors. A Shapley Decomposition of Carbon Emissions without Residuals［J］. Energy Policy, 2002, 30(9): 727-736.

［63］ Luisito Bertinelli, Carmen Camacho, Benteng Zou. Carbon Capture and Storage and Trans-boundary Pollution: A differential Game Approach［J］. European Journal of Operational Research, 2014, 237(2): 721-728.

［64］ 李军,蔡小强. 基于合作博弈的易腐性产品运输设施选择的费用分配［J］. 中国管理科学, 2007(4): 51-58.

［65］ 李娟,黄培清,顾锋. 供应链上相关信息的共享激励及共享价值分配［J］. 系统管理学报, 2008(1): 78-81,86.

［66］ 张智勇,郑成华,宋薛峰. 基于改进 Shapley 值的港口物流服务供应链利益分配分析［J］. 工业技术经济, 2009, 28(6): 113-115.

［67］ 王艳,孙康,张盛开. 有限制对策的 Banzhaf 值［J］. 系统工程, 2005(3): 13-17.

［68］ 梁晓,孙浩. Banzhaf 权力指标的特性［J］. 运筹与管理, 2009, 18(3): 69-73.

［69］ 李生伟. 基于合作博弈 Owen 值的输电损耗分摊［D］. 长沙:湖南大学, 2004.

［70］ 董保民,郭桂霞. 机场博弈与中国起降费规制改革———一个合作博弈论评价［J］. 经济学(季刊), 2006(3): 1235-1252.

［71］ 孙红霞,张强. 具有联盟结构的限制合作博弈的限制 Owen 值［J］. 系统工程理论与实践, 2013, 33(4): 981-987.

［72］ 刘智勇,徐选华. 群决策冲突管理的合作博弈分析［J］. 统计与决策, 2009(11): 35-37.

［73］ 陈雯,张强. 模糊合作对策的 Shapley 值［J］. 管理科学学报, 2006(5): 50-55.

［74］ 孙红霞,张强. 具有模糊联盟博弈的 Shapley 值的刻画［J］. 系统工程理论与实践, 2010, 30(8): 1457-1464.

［75］ 谭春桥. 基于 Choquet 延拓具有区间模糊联盟 $n$ 人对策的 Shapley 值［J］. 系统工程学报, 2010, 25(4): 451-458.

［76］ 李书金,郦晓宁. 模糊联盟的 Shapley 值与稳定性［J］. 系统工程理论与实践, 2011, 31(8): 1524-1531.

［77］ 彭智,李健. 具有模糊支付的模糊合作对策中局中人间的相互影响［J］. 运筹与管理, 2012, 21(4): 65-73.

［78］ 高璟,张强. 模糊联盟合作对策的收益分配研究［J］. 运筹与管理, 2013, 22(6): 65-70.

［79］郭鹏,陈玲丽.模糊环境下模糊联盟收益分配模型和算法研究［J］.模糊系统与数学,2014,28(3):103-107.

［80］郑士源,王浣尘.基于动态合作博弈理论的航空联盟稳定性［J］.系统工程理论与实践,2009,29(4):184-192.

［81］乔晗,高红伟.一个具有变化联盟结构的动态合作博弈模型［J］.运筹与管理,2009,18(4):60-66.

［82］王怡.基于动态合作博弈的工业共生网络战略联盟研究［J］.华东经济管理,2011,25(6):101-104.

［83］马如飞,王嘉.动态研发竞争与合作:基于微分博弈的分析［J］.科研管理,2011,32(5):36-42.

［84］杨仕辉,翁蔚哲.气候政策的微分博弈及其环境效应分析［J］.国际经贸探索,2013,29(5):39-51.

［85］罗琰,杨招军.基于随机微分博弈的保险公司最优决策模型［J］.保险研究,2010,(8):48-52.

［86］张春红.均值-方差及随机微分博弈问题研究［D］.长沙:中南大学,2012.

［87］朱怀念.线性 Markov 切换系统的随机微分博弈理论及在金融保险中的应用研究［D］.广州:广东工业大学,2013.

［88］Debing Ni, Yuntong Wang. Sharing a Polluted River［J］. Games and Economic Behavior, 2007,60(1):176-186.

［89］李维乾,解建仓,李建勋,等.基于改进 Shapley 值解的流域生态补偿额分摊方法［J］.系统工程理论与实践,2013,33(1):255-261.

［90］Keighobad Jafarzadegan, Armaghan Abed-Elmdoust, Reza Kerachian. A Fuzzy Variable Least Core Game for Inter-basin Water Resources Allocation under Uncertainty［J］. Water Resources Management, 2013,27(9):3247-3260.

［91］Armaghan Abed-Elmdoust, Reza Kerachian. Water Resources Allocation Using a Cooperative Game with Fuzzy Payoffs and Fuzzy Coalitions［J］. Water Resources Management, 2012,26(13):3961-3976.

［92］魏守科,雷阿林,Albrecht Gnauck.博弈论模型在解决水资源管理中利益冲突的运用［J］.水利学报,2009,40(8):910-918.

［93］黄彬彬,王先甲,胡振鹏,刘伟兵.基于随机过程的流域水资源利用冲突博弈分析［J］.武汉大学学报:工学版,2010,43(1):68-71.

［94］Leon Petrosjan, Georges Zaccour. Time-consistent Shapley Value Allocation of Pollution

Cost Reduction[J]. Economic Dynamics and Control,2003,27(3):381-398.

[95] Steffen Jorgensen, Georges Zaccour. Incentive Equilibrium Strategies and Welfare Allocation in a Dynamic Game of Pollution Control[J]. Automatica,2001,37(1):29-36.

[96] Steffen Jorgensen. A Dynamic Game of Waste Management[J]. Economic Dynamics & Control,2010,34(2):258-265.

[97] David W K Yeung, Leon A Petrosyan. A Cooperative Stochastic Differential Game of Transboundary Industrial Pollution[J]. Automatica,2008,44(6):1532-1544.

[98] Keighobad Jafarzadegan, Armaghan Abed-Elmdoust, Reza Kerachian. A Stochastic Model for Optimal Operation of Inter-basin Water Allocation Systems: A Case Study [J]. Stochastic Environmental Research and Risk Assessment,2014,28(6):343-1358.

[99] 王艳. 流域水环境管理合作促进机制博弈分析[J]. 系统工程,2007(8):54-57.

[100] 刘红刚,陈新庚,彭晓春. 感潮河网区环境合作博弈模型及实证[J]. 生态学报,2012, 32(11):3586-3594.

[101] 胡震云,陈晨,张玮. 基于微分博弈的绿色信贷与水污染控制反馈策略研究[J]. 审计与经济研究,2013,28(6):100-109.

[102] 彭江波. 排放权交易作用机制与应用研究[M]. 北京:中国市场出版社,2011.

[103] 高鸿业. 西方经济学[M]. 北京:中国人民大学出版社,2011.

[104] 李胜. 跨行政区流域水污染府际博弈研究[D]. 长沙:湖南大学,2011.

[105] 王川兰. 竞争与依存中的区域合作行政——基于长江三角洲都市圈的实证研究 [M]. 上海:复旦大学出版社,2008.

[106] 中华人民共和国民政部. 中华人民共和国二〇一七年行政区划统计表[EB/OL]. [2017-12-31]. http://xzqh.mca.gov.cn/statistics/2017.html.

[107] 魏晓华,孙阁. 流域生态系统过程与管理[M]. 北京:高等教育出版社,2009.

[108] 冯慧娟,罗宏,吕连宏. 流域环境经济学:一个新的学科增长点[J]. 中国人口·资源与环境,2010,20(S1):241-244.

[109] 王宗志,胡四一,王银堂. 流域初始水权分配及水量水质调控[M]. 北京:科学出版社,2011.

[110] 中国政府网. 中华人民共和国水污染防治法[EB/OL]. [2008-02-28]. http://www.gov.cn/flfg/2008-02/28/content_905050.htm.

[111] 黄德春,华坚,周燕萍. 长三角跨界水污染治理机制研究[M]. 南京:南京大学出版社,2010.

[112] 中国生态补偿机制与政策研究课题组. 中国生态补偿机制与政策研究[M]. 北京:科

学出版社,2007.

[113] 宋建军.流域生态环境补偿机制研究[M].北京:中国水利水电出版社,2013.

[114] 范金,周忠民,包振强.生态资本研究综述[J].预测,2000(5):30-35.

[115] 王文军.人口、资源与环境经济学[M].北京:清华大学出版社,2013.

[116] 鲍新中,刘澄,张建斌.合作博弈理论在产学研合作收益分配中的应用[J].科学管理研究,2008(5):21-24.

[117] 陈伟,查迎春.关于成本分摊的合作博弈方法[J].运筹与管理,2004(2):54-57.

[118] 戴天柱,赵蕾.基于动态博弈分析模型的环境保护投融资机制研究[M].北京:经济管理出版社,2010.

[119] 谢识予.经济博弈论[M].3版.上海:复旦大学出版社,2007.

[120] 班允浩.合作微分博弈问题研究[D].大连:东北财经大学,2009.

[121] Castano-Pardo A, Garcia-Diaz A. Highway Cost Allocation: An Application of the Theory of Nonatomic Games[J]. Transportation Research Part A: Policy and Practice, 1995, 29 (3): 187-203.

[122] Kattuman P A, Green R J, Biatek J W. Allocating Electricity Transmission Costs through Tracing: A Game Theoretic Rational[J]. Operations Research Letters, 2004, 32 (2): 114-120.

[123] Mutuswami S. Strategy Proof Cost Sharing of a Binary Good and the Egalitarian Solution [J]. Mathematical Social Science, 2004, 48(3): 271-280.

[124] Yang Dong, Odani M, Tanimoto K. Analysis of Cooperative Alliance Constituted by Companies with Different Technology Levels by Using Shapley Value[C]. Systems, Man and Cybernetics (SMC 2008). [Singapore]: [IEEE International Conference]. 2008: 2508-2513.

[125] 谢俊,白兴忠,魏建详,等.西北电网调峰成本补偿研究[J].浙江大学学报:工学版, 2009, 43(3): 584-588, 595.

[126] Carreras F, Freixas J, Puente M A. Semivalues as Power Indices[J]. European Journal of Operational Research, 2003, 149(3): 676-687.

[127] Carreras F, Freixas J. On Ordinal Equivalence of Power Measures Given by Regular Semivalues[J]. Mathematical Social Sciences, 2008, 55(2): 221-234.

[128] Carreras F, Llongueras M D, Puente M A. Partnership Formation and Binomial Semivalues[J]. European Journal of Operational Research, 2009, 192(2): 487-499.

[129] Alonso-Meijid J M, Carreras F, Puente M A. Axiomatic Characterizations of the Symmetric

Coalitional Binomial Semivalues [J]. Discrete Applied Mathematics, 2007, 155 (6): 2282-2293.

[130] Dubey P, Neyman A, Weber R J. Value Theory without Efficiency[J]. Mathematics of Operations Research, 1981,6(1): 122-128.

[131] Amer R, Giménez J M. A General Procedure to Compute Mixed Modified Semivalues for Cooperative Structure of Coalition Blocks[J]. Mathematical Social Sciences, 2008,56(2): 269-282.

[132] Owen G. Multilinear Extensions of Games [J]. Management Science, 1972, 18 (5): 64-79.

[133] Amer R, Giménez J M. Modification of Semivalues for Games with Coalition Structures [J]. Theory and Decision, 2003,54(3): 185-205.

[134] 郝芳华,李春晖,赵彦伟,等. 流域水质模型与模拟[M]. 北京:北京师范大学出版社, 2008.

[135] 马永喜. 基于 Shapley 值法的水资源跨区转移利益分配方法研究[J]. 中国人口·资源与环境, 2016,26(10): 116-120.

[136] 张华. 重复、模糊合作对策 Shapley 值的理论研究及应用[D]. 秦皇岛:燕山大学, 2009.

[137] Shujin Li, Qiang Zhang. A Simplified Expression of the Shapley Function for Fuzzy Game [J]. European Journal of Operational Research, 2009,196(1): 234-245.

[138] Yan-An Hwang, Jie-Hau Li, Yaw-Hwa Hsiao. A Dynamic Approach to the Shapley Value Based on Associated Games[J]. International Journal of Game Theory, 2005,33(4): 551-562.

[139] 施锡铨. 合作博弈引论[M]. 北京:北京大学出版社, 2012.

[140] John A L, Charles F M. Optimal Institutional Arrangements for Transboundary Pollutants in a Second-best World: Evidence from a Differential Game with Asymmetric Players [J]. Environmental Economics and Management, 2001,42(3): 277-296.

[141] Michele B, Georges Z, Mehdi Z. A Differential Game of Joint Implementation of Environmental Projects[J]. Automatica, 2005,41(10): 1737-1749.

[142] Begg K G, Jackson T, Parkinson S. Beyond Joint Implementation—Designing Flexibility into Global Climate Policy[J]. Energy Policy, 2001,29(1): 17-27.

[143] Xu-Na Miao, Xian-Wei Zhou, Hua-Yi Wu. A Cooperative Differential Game Model Based on Transmission Rate in Wireless Networks[J]. Operation Research Letters, 2010,38(4):

292-295.

[144] Linda Fernandez. Trade's Dynamic Solutions to Transboundary Pollution [J]. Environmental Economics and Management, 2002, 43(3): 386-411.

[145] Armaghan Abed-Elmdoust, Reza Kerachian. Water Resources Allocation Using a Cooperative Game with Fuzzy Payoffs and Fuzzy Coalitions[J]. Water Resources Management, 2012, 26(13): 3961-3976.

[146] 刘玉龙. 生态补偿与流域生态共建共享[M]. 北京:中国水利水电出版社, 2007.

[147] 胡若隐. 超越地方行政分割体制的参与共治[D]. 北京:北京大学, 2006.

[148] 易志斌, 马晓明. 论流域跨界水污染的府际合作治理机制[J]. 社会科学, 2009, (3): 20-25, 187.

[149] 易志斌. 基于共容利益理论的流域水污染府际合作治理探讨[J]. 环境污染与防治, 2010, 32(9): 88-91.

[150] 孟卫军. 减排研发激励政策研究[D]. 重庆:重庆大学, 2010.

[151] D'Aspremont C, Jacquemin A. Cooperative and Non-cooperative R&D in Duopoly with Spillovers[J]. American Economic Review, 1988, 78(5): 1133-1137.

[152] Kamien M I, Muller E, Zang I. Research Joint Venture and R&D Cartels[J]. American Economic Review, 1992, 82(5): 1293-1306.

[153] Martin S. Spillovers, Appropriability, and R&D[J]. Journal of Economics, 2002, 75(1): 1-32.

[154] 郭焱, 郭彬. 不同竞合模式的战略联盟形式选择[J]. 管理科学学报, 2007(1): 39-45.

[155] 霍沛军, 陈继祥, 陈剑. R&D 补贴与社会次佳 R&D[J]. 管理工程学报, 2004(2): 1-3.

[156] Ulph A. Environmental Policy and International Trade When Governments and Producers Act Strategically[J]. Journal of Environmental Economics and Management, 1996, 30(3): 265-281.

[157] Petrakis E, Poyago-Theotoky J. R&D Subsidies versus R&D Cooperation in a Duopoly with Spillovers and Pollution[J]. Australian Economic Paper, 2002, 41(1): 37-52.

[158] Poyago-Theotoky J A. The Organization of R&D and Environmental Policy[J]. Journal of Economic Behavior & Organization, 2007, 62(1): 63-75.

[159] Slim Ben Youssef. Transboundary Pollution, R&D Spillovers and International Trade [J]. The Annals of Regional Science, 2009, 43(1): 235-250.

[160] 孟卫军. 基于减排研发的补贴和合作政策比较[J]. 系统工程, 2010, 28(11): 123-126.

[161] 孟卫军.溢出率、减排研发合作行为和最优补贴政策[J].科学学研究,2010,28(8):1160-1164.

[162] 中华人民共和国中央人民政府.国务院关于印发"十三五"节能减排综合工作方案的通知[EB/OL].[2017-01-05].http://www.gov.cn.